Gary Richmond

KUDUS, KOBRAS, KILLERAFFEN

Allerlei Menschliches aus dem Reich der Tiere

clv

Christliche Literatur-Verbreitung e. V.
Ravensberger Bleiche 6 · 33649 Bielefeld

Die Bibelzitate sind der Elberfelder Übersetzung 2003, Edition CSV Hückeswagen, entnommen. Die Begriffe »Gesundheitszentrum«, »Tierklinik« und »Zooklinik« werden in diesem Buch weitgehend als Synonyme verwendet.

Abkürzungen

A. d. H.	Anmerkung des Herausgebers
svw.	so viel wie

1. Auflage 2016 (CLV)
Die Originalausgabe erschien unter dem Titel »The View from the Zoo«.

Christliche Literatur-Verbreitung
Ravensberger Bleiche 6 · 33649 Bielefeld
CLV im Internet: www.clv.de
(erstmals auf Deutsch erschienen 1993 im Brunnen Verlag, Basel)

Übersetzung: Mechthild Bruchmann
Satz: CLV
Umschlag: typtop, Andreas Fett, Meinerzhagen
Druck und Bindung: GGP Media GmbH, Pößneck

Bestell-Nr. 256.274
ISBN 978-3-86699-274-0

Inhalt

Vorwort I

Niemand kann einer guten Geschichte widerstehen. Vielleicht hängt das damit zusammen, dass die Menschen nach Gottes Bild erschaffen wurden. Die jüdischen Rabbis jedenfalls pflegen zu sagen: »Gott schuf Menschen, weil er Geschichten liebt.« Falls das auf Menschen nicht ganz zutreffen sollte, so bin ich doch sicher, dass es für Tiere stimmt – für Kudus, Nilpferde, Giraffen, Nashörner und Schimpansen, um nur einige zu nennen.

Niemand kann den Zoogeschichten von Gary Richmond widerstehen. Ich habe Gary an einem Lagerfeuer mit Drittklässlern erlebt, die gebannt seiner Story von der »Schwarzen Witwe« lauschten. Kurz darauf erzählte er dieselbe Geschichte vor mehreren Hundert Erwachsenen. Flannery O'Connor schreibt: »Die Fähigkeit, das Leben in Worte zu fassen, ist ein Geschenk. Wer dazu fähig ist, der kann diese Gabe entfalten. Wer sie nicht hat, der kann das Geschichtenschreiben glatt vergessen.« Gary Richmond hat diese Gabe. Die Geschichten des vorliegenden Buches sind während Garys einmaliger Doppeltätigkeit als Tierpfleger und Pastor entstanden. Diese beiden Berufe haben mehr miteinander zu tun, als es auf den ersten Blick scheinen mag. Allerdings werden sie nur äußerst selten von ein und derselben Person ausgeübt. Gary hat seine Erlebnisse aus diesen beiden Welten zu einem sehr feinen Gewebe verwoben. Es sind nicht nur wahre Geschichten; jede Geschichte enthält ein Stück göttlicher Wahrheit, die man – in dieser Form erzählt – nie mehr vergisst. Ich kann mir kaum vorstellen, dass diese Geschichten jemandem nicht gefallen. Sie sind amüsant, interessant und informativ. Ich bin sicher, der Leser wird es nicht bei der ersten Geschichte belassen.

Paul Sailhamer
Pastor, Pilgrim's Projects, Fullerton, Kalifornien

Vorwort II

Gary Richmond und ich kennen uns schon seit vielen Jahren. Lange bevor er Mitglied des Gemeinderates der First Evangelical Free Church in Fullerton (Kalifornien) wurde, waren wir einander schon sehr verbunden.

Es macht Spaß, mit ihm zusammen zu sein: Er ist schlagfertig, voller Lebensfreude und hat immer ein oder zwei Geschichten auf Lager, die die Situation treffen und beleben. Seine Berufsjahre im Zoo von Los Angeles haben ihn den tiefen Wert der Tierwelt erkennen und achten lassen.

Im christlichen Gemeindedienst besitzt Gary eine noch längere Erfahrung. Hier bekam er sein großes Verständnis für Menschen wie Sie und ich. Meiner Meinung nach ist Garys Fähigkeit, seine derzeitige Aufgabe als Pastor durch die frühere als Tierpfleger anschaulich zu machen, unvergleichlich. Ich kenne niemanden, der die biblische Wahrheit aus dieser einmaligen Perspektive heraus besser veranschaulichen kann als Gary.

Gary ist aber nicht nur ein ausgezeichneter Geschichtenerzähler und Menschenkenner, sondern auch ein liebevoller Ehemann, treuer Vater und guter Freund. Ich freue mich, dass er dem Wunsch nachgekommen ist, den Reichtum seiner ungewöhnlichen Erfahrungen zu Papier zu bringen. Das ist mehr als nur ein Blick in den Zoo. Diese Seiten halten uns einen Spiegel vor und geben das Bild unseres Innern wieder. Darum schlage ich Ihnen vor, die Seiten nicht nur einfach zu überfliegen. Lesen Sie langsam! Machen Sie Denkpausen! Wir können viel von diesen Geschöpfen lernen, die Gott uns durch die Feder eines begabten Mannes nahebringt.

Chuck Swindoll
Pastor der Stonebriar Community Church, Frisco, Texas (zuvor
Pastor der First Evangelical Free Church in Fullerton, Kalifornien),
Radio-Redakteur, Autor

Bevor es richtig losgeht

Meine Tätigkeit im Zoo von Los Angeles begann 1967. Es war eine herrliche Zeit! So wie damals wird es nie wieder sein, denn die Erde ist kleiner geworden, und die Anzahl der Tierarten hat sich verringert.

Der Zoo von Los Angeles ist der einzige in der Geschichte, der bereits als Großzoo begann. Wir erlebten, wie seltene und vom Aussterben bedrohte Tiere unaufhaltsam zu uns gelangten. Das war ein einmaliges Zusammentreffen, wie es seit Noahs Zeiten praktisch nicht mehr geschehen ist. Ein großartiges Wagnis!

Gern teile ich meine schönsten Erlebnisse mit Ihnen und hoffe, damit denjenigen zu ehren, der mir diese herrliche Zeit ermöglichte – den, der die Tiere schuf, von denen ich hier schreibe. Kommen Sie mit und nehmen Sie teil an meinen Erlebnissen! Schmunzeln Sie! Es soll nicht nur mein persönlicher Einblick in den Zoo bleiben – Sie alle sollen daran teilhaben. Wenn Sie Seite für Seite lesen, werden Sie sehen: Das Leben ist wirklich wie ein Zoo!

Gary Richmond

Hochs und Tiefs

Gott hat sich eine Menge einfallen lassen, auf welche Art und Weise seine Geschöpfe das Licht der Welt erblicken sollen. Haben Sie schon einmal die Geburt eines Giraffenbabys miterlebt? Für mich war das ein unvergessliches Ereignis.

9.30 Uhr. Anruf in der Zooklinik: Die Angola-Giraffendame hat Wehen. Wenn der Tierarzt und ich zuschauen wollten, sollten wir sofort kommen.

Wir hatten beide noch keine Giraffengeburt erlebt, also sprangen wir ins Auto und fuhren zum Giraffenhaus. Leise schlichen wir uns hinein, wo sieben unserer Kollegen wie gebannt das für uns ungewöhnliche Naturgeschehen beobachteten. Ich ließ mich auf einem Heuballen neben Jack Badal nieder, dem »tüchtigsten Tierpfleger der Welt« – so zumindest die Meinung der meisten meiner Kollegen. Er war ziemlich wortkarg, und als ich mich neben ihn setzte, nickte er mir nur zu und kaute weiter auf dem Luzerne-Halm, den er sich aus dem Heuballen gezogen hatte.

Kopf und Vorderhufe waren schon zu sehen. Das Fruchtwasser tropfte herunter. Ich wunderte mich, dass die Giraffenkuh noch stand. »Wann wird sie sich hinlegen?«, fragte ich Jack, der immer noch schweigend neben mir saß.

»Gar nicht«, antwortete er.

»Aber ihr Hinterteil ist über zwei Meter vom Boden entfernt. Das Kalb verletzt sich doch, wenn es da herunterfällt!« Jack warf mir einen Blick zu, der besagte, dass ich ganz offensichtlich überhaupt keine Ahnung hatte.

»Warum spannt man für das Giraffenbaby kein Sprungtuch auf?«, fragte ich beunruhigt. »Nun hör mal gut zu, Gary«, sagte Jack. »Wenn du willst, kannst du ja versuchen, das Kalb aufzufangen. Aber denk daran, die Mutter wird dir mit ihren Hinterläufen den Schädel eintreten. Das macht sie mit jedem, der versucht, an ihr Kind heranzukommen. Giraffenmütter haben schon Löwen erschlagen, die ihre Kälber anfallen wollten.«

Für eine Weile saß ich ganz ruhig da und beobachtete, wie sich das Kalb durch den Geburtskanal zwängte. Hals und Vorderbeine baumelten bereits völlig frei zweieinhalb Meter über dem Abgrund und würden bald auf dem harten Boden aufschlagen. Unglaublich, dass dieses neugeborene Wesen in wenigen Minuten ein derartiges Trauma erleben sollte! Ein Sturz aus solch einer Höhe auf den blanken Boden! (Ich hatte zwölf Jahre gebraucht, bis ich mich traute, vom Dreimeterbrett ins tiefe, klare Wasser zu springen! Und dieses Giraffenkälbchen sollte den Sprung schon in den ersten 30 Minuten seines Erdendaseins wagen …)

Unsere Erwartungen wurden nicht enttäuscht. Das Giraffenbaby – ein kräftiges Bullenkalb – brüllte, plumpste auf den Boden und landete auf dem Rücken. Blitzschnell rollte es sich herum und setzte sich auf seine eingeknickten Beine. So besah es sich zum ersten Mal die Welt und schüttelte die letzten Tropfen Fruchtwasser aus Augen und Ohren.

Die Giraffenmutter beugte ihren langen Hals hinunter und beäugte das Kalb. Sie stellte sich direkt über ihr Kind und wartete etwa eine Minute. Dann machte sie etwas Unglaubliches: Sie holte mit ihrem Bein aus und versetzte dem Baby einen Tritt, sodass es kopfüber auf den Boden schlug. »Warum tut sie das, Jack?«, rief ich empört.

»Es soll aufstehen, und wenn es das nicht tut, tritt sie wieder zu.«

Jack hatte recht – dieser Gewaltakt wiederholte sich immer und immer wieder. Das Aufrappeln war lebenswichtig. Wenn das Giraffenbaby ermüden wollte, bekam es von seiner Mutter erneut einen beherzten Tritt zur Anregung seiner Bemühungen.

Endlich stand das Kalb unter dem Jubel der Tierpfleger zum ersten Mal auf seinen stelzigen Beinen. Wackelig zwar, aber es stand. Uns verschlug es die Sprache, als die Mutter es sofort wieder umstieß.

Jack war der Einzige, der ungerührt zusah. »Sie verpasst ihm einen Denkzettel, denn es soll aufstehen lernen«, erklärte er. »Darum hat sie es wieder umgestoßen. In der Wildnis muss es so schnell wie möglich hochkommen und der Herde folgen. Auch die Mutter braucht die Herde. Für Löwen, Hyänen, Leoparden und Wildhunde sind junge Giraffen nämlich ein Leckerbissen. Sie hätten ein leichtes Spiel, wenn die Giraffenkuh ihrem Kalb nicht beibringen würde, wie man schnell aufsteht und mitläuft.«

Jack – der beste Tierpfleger, den ich kenne – verabschiedete sich, den Luzerne-Halm in der Hand. Er ging zu seinen Tieren zurück.

An die Giraffengeburt an jenem Frühlingsmorgen erinnere ich mich noch oft. Gibt es da nicht Parallelen in meinem Leben? Häufig, wenn ich mich mühsam hochgerappelt hatte, wurde ich wieder umgestoßen. Das war Gottes Art, mir zu helfen. Ich sollte aufstehen lernen. Er brachte mir bei, in seiner Spur, in seinem Schatten und unter seinem Schutz zu bleiben.

»Haltet es für lauter Freude, meine Brüder, wenn ihr in mancherlei Prüfungen fallt, da ihr wisst, dass die Bewährung eures Glaubens Ausharren bewirkt« (Jakobus 1,2-3).

Chaca, uuh uuh …

Ein Todesfall!‹, war mein erster Gedanke, als das Telefon 20 Minuten nach Mitternacht schrillte. Ein Anruf um diese Zeit? Da musste etwas passiert sein!

»Hallo?«, rief ich in den Hörer.

»Richmond, hast du Lust auf ein kleines Abenteuer?« Das war die Stimme meines Chefs, eines jungen, sehr tüchtigen Tierarztes.

»Na klar. Worum geht's?«

»Die Polizei rief gerade an. Wir sollen einen Killeraffen einfangen. Er ist im Stadtteil Highland Park ausgebrochen. Wir treffen uns in ein paar Minuten am Zoo.«

Ich legte auf. Ich wünschte, er hätte nicht »Killeraffe« gesagt. Natürlich, wenn so ein Affe in Highland Park frei herumlief, mussten wir helfen. Schließlich ist ein Killeraffe ein ungemütlicher Nachbar …

Ich gab Vollgas. Straßenschilder und -laternen stürmten wie Zinnsoldaten auf mich zu. Sie tauchten noch kurz im Rückspiegel auf, um dann in der Dunkelheit zu verschwinden. Ich überlegte mir, was wir zum Einfangen eines Killeraffen brauchten: Beruhigungsmittel, Pistolen, Netze, Seile und bestimmte Medikamente. Mit feuchten Händen umklammerte ich das Lenkrad. ›Ob mein Chef mich vermissen würde, wenn ich nicht käme? Wahrscheinlich war ich der Einzige, den er angerufen hatte. Demnach würde ich ihm wohl schon fehlen …‹

Mit quietschenden Reifen bog ich von der Schnellstraße ab und stoppte auf dem riesigen Zooparkplatz. Vor dem Eingang stand bereits ein schwarz-weißer Streifenwagen mit eingeschalteten roten und gelben Blinklichtern. Zwei Polizisten erwarteten mich.

»Ihr Chef ist schon in der Tierklinik. Wir sollen Sie hinüberfahren.« Ich sprang auf den Rücksitz, und mit aufheulenden Sirenen ging es an den Wachtposten vorbei, die das Tor besetzt hielten. »Killeraffe, wie?«, fragte ich.

»Ja. Er hat sich ganz schön mit seinem Herrchen gerauft. Einen unserer Beamten hat er auch angegriffen. Der Affe ist ein Kind des Todes.« (Na ja, »Kind des Todes« sagte der Beamte nicht so direkt.)

»Einer von uns hat auf ihn gezielt, aber der Schuss ging daneben. Trotzdem, den Kerl kaufen wir uns!«

Als wir in der Tierklinik ankamen, hatte Dr. Bill Hulsizer schon alle Utensilien bereitgestellt. Wir beförderten die Sachen in den Kofferraum und sprangen wieder in den Wagen. Mit heulenden Sirenen rasten wir zurück auf die Schnellstraße. Wir überholten einige Fahrzeuge. Warum krochen die denn alle wie die Schnecken – wir waren doch auf der Autobahn! Ich warf einen Blick auf den Tacho – 150 Stundenkilometer!

Ich wandte mich zu Bill und fragte ihn: »Was meinst du, womit müssen wir deiner Meinung nach rechnen?«

Ein sachlicher Typ, dieser Tierarzt. Spekulieren lag ihm ganz offensichtlich nicht. »Wir werden sehen«, meinte er und zuckte mit den Schultern.

Ich dagegen habe eine äußerst lebhafte Fantasie, und es hätte mich deshalb nicht gewundert, wenn King Kong persönlich auf uns zugestapft wäre. Wir verließen die Schnellstraße und kamen in ein Villenviertel hinein, das jedoch eher einem Kriegsschauplatz glich. Die Polizisten wurden von einem Sergeanten angehalten, der mit ausgestrecktem Arm in die Dunkelheit wies und in barschem Ton sagte: »Man erwartet Sie in der Kommandozentrale.« »Kommandozentrale?«, wiederholte ich leicht sarkastisch. »Was hat man uns da eingebrockt, Doktor?«

»Wir werden sehen«, meinte dieser mit einem gezwungenen Lächeln. O Mann, diese trockenen Typen können einen manchmal richtig fertigmachen!

Polizeiautos, wohin man sah! Alle mit blinkenden Lichtern. In Grüppchen standen Nachbarn beisammen. Sie diskutierten über die Krisensituation.

Wir erreichten die Kommandozentrale. Ein hochdekorierter Beamter berief eine Versammlung ein. Von überall strömten Polizisten herzu. Es waren bestimmt über fünfzig. Wir wurden in die Mitte des Raumes geführt. Dann stellte der oberste Beamte uns vor: »Meine Herren, Dr. Bill Hulsizer und sein Assistent Gary Richmond. Die beiden sind Spezialisten vom Zoo. Sie werden uns helfen, den Affen einzufangen.« Er wandte sich uns zu und forderte uns auf: »Nun sind Sie dran! Was sollen wir Ihrer Meinung nach tun?«

Bill und ich blickten uns an. Am liebsten hätten wir laut losgelacht. Bill war ein tüchtiger Tierarzt, aber um so vielen Polizisten Befehle zu geben, war er nun doch zu schüchtern. Ich wollte seine Autorität wahren, darum wartete ich, bis er das Wort ergriff. Aber er legte nur seinen Arm um meine Schulter und meinte: »Gary ist unser Experte im Einfangen von Tieren. Er wird nun das Kommando übernehmen.«

»Wir bitten darum!«, sagte der Mann mit den meisten Abzeichen.

Ich nahm all meinen Mut zusammen. »Hat jemand das Tier bereits gesehen?«, fragte ich zögernd.

Ein junger Beamter trat vor und sagte: »Jawohl!«

»Können Sie uns den Affen beschreiben?«

»Nun, es war nicht gerade hell. Das Tier ist jedenfalls groß. Ich habe mehrfach geschossen, aber ich glaube, ich habe es nicht getroffen. Ich war wahnsinnig erschrocken.«

»Ist der Besitzer des Tieres anwesend, oder gibt es hier Nachbarn, die das Tier gesehen haben? Es wäre schon wichtig, dass wir genau wissen, wen wir hier eigentlich verfolgen.«

Der Vater des Besitzers wurde herbeigeführt. Wie sich herausstellte, war er der Mann, der angegriffen worden war. Er war von der Gürtellinie an aufwärts bandagiert, sogar am Kopf. Der Besitzer selbst saß wegen Rauschgiftbesitz und Dealerei im Gefängnis. Vermutlich war er in Vietnam an Drogen gekommen und hatte sie mit nach Hause gebracht. Das war aber nicht alles, was er mit nach Hause brachte. Er hatte auch ein junges Haustier mitgebracht, das zu einem sehr großen und gefährlichen Untier herangewachsen war. Ich fragte den Mann, ob er ein Foto vom Haustier seines Sohnes habe. Er bejahte und suchte in seiner Brieftasche. Dann reichte er mir das Foto und erklärte mir dabei, wie er verletzt worden war. Während sein Sohn im Gefängnis saß, hatte er die Verantwortung für das Tier übernehmen müssen. Dieses Geschöpf akzeptierte aber nur den Sohn. Die Fütterung war eine tägliche Mutprobe gewesen. Gestern Abend hatte der Vater den Kampf verloren … Blut sickerte durch die Gaze seiner Verbände. Ich spürte es den Polizisten ab, wie sie allmählich unruhig wurden. Als ich das Foto angeschaut hatte, war ich etwas erleichtert. Der »Killeraffe« war in Wirklichkeit ein großer, normaler Affe. Es handelte sich um einen kurzschwänzigen Bärenmakak – eine große Affenart mit fünf Zentimeter langen Eckzähnen.

Noch einmal wandte ich mich an den Vater. »Was mag der Affe denn besonders gern?« Dabei dachte ich eigentlich an irgendeinen Leckerbissen. Seine Antwort überraschte mich daher.

Er war Mexikaner und sagte ganz begeistert: »Chaca mag es am liebsten, wenn man ruft: ›Chaca, uuh uuh!‹ Ich weiß nicht, warum, aber es beruhigt ihn.« Ich bedankte mich vielmals für seine Hilfe und sprach dann zu den versammelten Polizisten.

»Meine Herren, ich habe eine gute Nachricht für Sie. Wir suchen keinen *Killeraffen,* sondern einen ziemlich großen Affen namens Chaca. Chaca ist kein Tier, das man erschießen muss. Ehrlich gesagt, ich habe auch gar keine Lust, Ihnen bei der Suche zu helfen, wenn ich befürchten muss, selbst dabei erschossen zu werden. Wenn Sie wollen, können Sie Ihre Schlagstöcke mitnehmen. Der Vater des Besitzers sagte mir gerade, dass das Tier es mag, wenn Sie es mit ›Chaca, uuh uuh‹ anreden. Darum schlage ich vor: Rufen Sie diesen Namen vor sich hin, während Sie nachher die Umgebung durchstreifen. Wir warten hier, bis das Tier gesichtet wird. Dann kommen wir herüber. Höchstwahrscheinlich ist Chaca durch den Schuss zu Tode erschrocken und hat sich irgendwo versteckt.«

Nachdem die Polizisten ausgeschwärmt waren, beugte sich Dr. Hulsizer zu mir und meinte: »Gary, ich glaube nicht, dass das besonders gut ist, wenn die Polizisten ›Chaca, uuh uuh‹ rufen.«

»Doch, doch. Das wird sie selbst beruhigen und sie daran hindern, sich gegenseitig zu erschießen.« Da zog sie also von dannen, die Elite von Los Angeles, und rief von Haus zu Haus, von Garage zu Garage: »Chaca, uuh uuh! Chaca, uuh uuh!« Bill und ich kicherten leise vor uns hin.

Ein Polizeihubschrauber knatterte über unsere Köpfe hinweg. Sein greller Suchscheinwerfer erhellte die Hinterhöfe. Es war zwei Uhr nachts. Wir aber spazierten wie im Tageslicht. Walkie-Talkies knackten und knarrten, wenn die Polizisten Mitteilung machten, dass Chaca noch nicht gesichtet sei. Die Suche per Hubschrauber wurde schließlich abgebrochen. Jetzt konnte man wieder den sonoren Männergesang hören: »Chaca, uuh uuh. Chaca, uuh uuh.« Das klang wie Begleitmusik zu einem alten Dschungelfilm. Wenn jetzt einer gesagt hätte: »Die Eingeborenen proben den Aufstand!«, dann hätte das genau die Situation getroffen.

Kurz vor drei Uhr kam ein Polizist angerannt und meldete, dass sein Kamerad den Affen in einer Garage entdeckt hätte. Wir griffen nach unserer Ausrüstung und eilten zu dem beschriebenen Ort. Die meisten der Polizisten waren schon da. Sie wichen auseinander und ließen uns vorbei. Als wir durch eine Seitentür die Garage betraten, entdeckten wir Chaca. Er kauerte unter einem kleinen Boot, das auf einem Anhänger befestigt war. Chaca schützte seine Augen vor dem grellen Lichtstrahl aus der Stablampe des Sergeanten. Die ganze Körperhaltung Chacas schrie förmlich: »Nicht schießen, bitte, nicht schießen!«

Seine Festnahme war ganz und gar nicht dramatisch. Wir warfen ein Netz über den zitternden Körper, und da fiel er auch schon um. Ich glaube, er war einer Ohnmacht nahe. In einem Reisekäfig transportierten wir Chaca zum Zoo. 30 Tage lang blieb er dort in Quarantäne und wurde auf ansteckende Krankheiten untersucht. Danach wurde er zu einer anderen Einrichtung gebracht. Wir sahen ihn nie wieder.

Es war schon nach vier Uhr, als ich wieder in mein Bett kroch. Das war ein wahres Abenteuer gewesen – mit einem glücklichen, unfallfreien Ausgang! Ganz sicher war dies eine der bemerkenswertesten Erfahrungen meines Lebens. Während der ganzen Nacht hatte ich mit keinem Gedanken an Gott gedacht. Aber er war da, sorgte für uns und beschützte uns. Von Ruth Harms Calkin gibt es eine Gedichtsammlung mit dem Titel *Tell Me Again, Lord, I Forget*[1]. Darin stehen ganz tröstliche Gedanken, die mir sehr gefallen:

---

1 A. d. H.: Svw. *Herr, sag's mir noch einmal, ich bin so vergesslich.*

Du liebst mich, wie ich bin.
Du verstehst mich gut,
und denk ich oft auch nicht Dich –
Du machst mir Mut.[2]

Das heißt doch: Wenn ich auch nicht an ihn denke, er denkt an mich. Gerade dann, wenn ich schwach bin, kommt er zu mir und macht mich stark.

Wenn Sie diese Wahrheit bestätigt finden wollen, dann legen Sie dieses Buch zur Seite und lesen Sie im Buch Esther. Es ist das einzige Buch in der Bibel, in dem Gott gar nicht erwähnt wird. Nichts Übernatürliches wird dort erzählt. Aber von der ersten bis zur letzten Seite ist Gott mit im Spiel. Er beschützt sein Volk und gebraucht dabei den Mut und die Entschlossenheit einer wunderschönen Frau.

---

2 Aus: *Tell me Again, Lord, I Forget* von Ruth Harms Calkin. Veröffentlicht von Tyndale House Publishers, Inc. © 1986. Mit freundlicher Genehmigung.

Vorsicht, der große Bär!

Das Gefühl werde ich nie vergessen, als mir zwei glänzende, neue Schlüssel in die zitternde Hand gelegt wurden. Es waren nicht irgendwelche Schlüssel; diese Schlüssel gaben mir Zugang zu allen Gehegen im Zoo von Los Angeles.

Der Zoodirektor, ein alter Profi, ermahnte mich ernst und eindringlich und machte mir die Bedeutung und die Verantwortung dieser Schlüssel klar.

»Richmond«, sagte er, »mit diesen Schlüsseln übernimmst du die Verantwortung für Tiere, die Millionen wert sind. Einige sind unersetzlich – ganz im Gegensatz zu dir, falls du meine Anweisungen nicht beachtest. Unter den Tieren gibt es einige, die sich außerhalb ihrer Gehege verletzen und die – was noch schlimmer ist – andere verletzen oder gar töten können. Die möchtest du doch bestimmt nicht auf dem Gewissen haben, oder?«

»Und noch eins, Richmond: Verliere die Schlüssel nicht! Die Chefs in der Verwaltung sind nicht gerade begeistert, wenn Schlüssel verschwinden. Am besten, dein Name taucht bei denen in den nächsten sechs Monaten überhaupt nicht auf, bis deine Probezeit um ist.«

Mit jedem seiner Worte wurden die Schlüssel in meiner Hand gewichtiger. Ich wusste, dass bei fast allen Kollegen, die in diesem Beruf fünf Jahre oder mehr gearbeitet hatten, Tiere ausgebrochen waren. Früher oder später würde das auch mir passieren. Meine berufliche Zukunft hing also davon ab, wie ich mit diesen Schlüsseln umgehen würde. Sie wogen schwerer und schwerer in meiner Hand.

Der Direktor gab mir noch einige Tipps zum Umgang mit diesen Schlüsseln und betonte ganz besonders die Bedeutung der Routine. »Immer dieselben Handgriffe zur selben Zeit, das gibt dir am meisten Sicherheit«, riet er mir. »Denk dir einen guten Arbeitsablauf aus, und dann muss jeder Griff sitzen. Ändere deine Routine nie!«

Ich beherzigte seinen Rat, und alles ging tadellos – vier Monate lang. Ich bekam eine sichere Routine – und dann passierte es doch.

Ich kann nicht sagen, warum und wieso ich von meinem Arbeitsablauf abwich, aber es war geschehen, und ausgerechnet bei unserem gefährlichsten Tier, dem Eisbären. Iwan brachte über 400 Kilogramm auf die Waage und hatte bereits zwei seiner Rivalen getötet. Menschen konnte er absolut nicht leiden. Ging jemand an seinem Käfig vorbei, versuchte er, nach ihm zu schnappen. Vielen Pflegern hatte er schon Albträume beschert. Ein heiß diskutiertes Thema unter den Tierpflegern war die Horrorvorstellung: »Was passiert, wenn Iwan ausbricht?«

Tag für Tag hatte ich dieser Wahnvorstellung vorgebeugt. Nie war mir auch nur der geringste Fehler unterlaufen. Wie jeden Tag hatte ich Iwan aus seinem Nachtquartier befreit und ließ ihn in die strahlende Morgensonne hinaus. Dazu betätigte ich einen Hebel, und die etwa 200 Kilogramm schwere Falltür aus Stahl bewegte sich nach oben. Kaum war der Bär darunter hindurchgekrochen, da bemerkte ich, dass ich die Stahltür zur Außenanlage, in der er sich jetzt befand, weit offen gelassen hatte. Jeden Moment konnte Iwan um die Ecke biegen und angetappt kommen. Mein erster Gedanke war: ›Flucht!‹ Doch was würde dann aus meiner Anstellung? – Ich blieb. Ich hebelte die Falltür wieder hoch. Ein Glück, Iwan war noch zu sehen. Auch er hatte seine Routine. Gewöhnlich tappte er die erste Stunde morgens auf und ab und auf und ab. Dabei lief er L-förmig: fünf Schritte geradeaus und drei Schritte nach rechts. Dann machte er jedes Mal schwankend kehrt und schaukelte wieder auf die Falltür zu, gegen die er dann mit dem Kopf knallte. Diesen Vorgang wiederholte er eine Stunde lang und ruhte sich dann aus.

Ich überlegte und stellte fest, dass es nur eine Chance für mich gab: Ich musste in nur 17 Sekunden bis zur offenen Stahltür rasen und sie schließen. Ich setzte mein Leben auf Iwans Routine. Noch hatte er die offene Tür nicht wahrgenommen. Das war erstaunlich. Im Allgemeinen bemerken Tiere sofort jede Veränderung in ihrer Umgebung.

Bei seiner nächsten Tour wollte ich starten, den rechtwinklig angelegten Gang entlangrasen und fest hoffen, dass mir Iwan nicht begegnete. Er machte kehrt, und ich rannte los. Mit jedem Schritt wurden meine Knie weicher. Mein Herz schlug zum Zerspringen vor Angst. Ich raste um die Ecke – der kritischste Augenblick! Iwan war noch nicht in Sicht. Ich griff zur Türklinke. Dabei blickte ich nach rechts. Da stand der Bär – zweieinhalb Meter neben mir. Unsere Blicke trafen sich. Sein Blick war kalt und gefühllos, und aus meinem sprach – da bin ich mir sicher – der ganze Schrecken des Augenblicks. Ich zog die riesige Stahltür mit aller Gewalt zu. Sie fiel ins Schloss, und ich legte den Riegel vor. Meine Knie versagten. Ich stürzte zu Boden. Der Adrenalinstoß war zu stark gewesen. Als ich aufblickte, glotzte Iwan mich durch das in die Stahltür eingelassene Sichtfenster an.

Beinahe hätte ich einen Bären herausgelassen – den gefährlichsten Bären unseres Zoos.

Neulich sprachen wir in unserer Gemeinde über feste Regeln, die unseren Glauben stärken. Gute Angewohnheiten sind ein Schlüssel zu geistlicher Reife. In Hebräer 5,14 heißt es:

»… die feste Speise aber ist für Erwachsene, die infolge der Gewöhnung geübte Sinne haben zur Unterscheidung des Guten sowohl als auch des Bösen.«

Feste, gute Lebensgewohnheiten bieten uns einen sicheren Schutz. Wir sollten danach streben, sie zu pflegen und zu schätzen. Sie können uns davor bewahren, den Bären herauszulassen.

Der richtige Hintermann ist wichtig!

Mit Bob Pedersen ging ich immer gern in die Gehege. Er verstand sein Geschäft als »Hintermann«. Entstand beim Einfangen der Tiere eine gefährliche Situation, tat Bob im richtigen Moment immer das Richtige. Auf ihn konnte ich mich völlig verlassen. Er half mir aus der Patsche, wenn es nötig war. Wir ergänzten uns gut und arbeiteten gern zusammen.

Wenn ein wildes Tier im Käfig eingefangen werden muss, sollten immer zwei oder mehr Personen da sein, die das Tier gezielt einengen und greifen. Das ist eine feste Regel. Der Vordermann bringt das Tier in die richtige Position, während der Hintermann ihm die Fluchtwege abschneidet. Die Rollen lassen sich tauschen, wenn das Tier ausweicht, aber im Allgemeinen legten wir vor dem Öffnen des Käfigs fest, wer das Tier einengen und wer es greifen sollte.

Bob hatte ein ausgezeichnetes Reaktionsvermögen, und er war äußerst stark. Wir fingen die Tiere mit dem Netz. Vom Pavian bis zum Gepard packten wir alle. Verletzt wurden wir bei dieser Arbeit nie. Ich muss zugeben: Blessuren trug ich nur davon, wenn ich die beiden grundlegenden Fangregeln nicht beachtet hatte. Diese lauten erstens: »Gehe nicht allein in einen Käfig«, und zweitens: »Arbeite nie mit einem unerfahrenen Hintermann.«

Es war einer dieser ermüdenden Sommernachmittage im August. Ich hatte alle anstehenden Arbeiten in der Tierklinik erledigt. Nur die Polarfüchse mussten noch gegen Staupe, Hepatitis und Leptospirose geimpft werden. Die Impfung war längst überfällig. Dazu musste ich in den Nordamerika-Bereich mit seinen Wildgehegen fahren. Ich griff zum Telefon, um mich dort anzumelden. Da trat eine junge, hübsche Studentin der Universität von Los Angeles in mein Büro. Sie schaute sich um und fragte mich, ob ihr jemand helfen könne. »Wenn es nichts Unmögliches ist, helfe ich Ihnen gern«, antwortete ich. Sie erklärte mir, dass sie eine Verhaltensstudie über Weißhandgibbons mache. Sie wolle die Affen mit weißer Farbe kennzeichnen, damit sie die einzelnen Tiere unterscheiden könne.

Wir fuhren zum Eurasien-Bereich. Dort suchte ich den Wärter, der für die Gibbons zuständig ist. Er hatte schon Feierabend gemacht und war nach Hause gefahren. Einen anderen Helfer konnte ich nicht finden. Die hübsche junge Studentin schaute auf ihre Uhr.

»Läuft Ihnen die Zeit davon?«, fragte ich.

»Ja, und ich hatte so gehofft, dass wir die Affen heute noch markieren könnten«, antwortete sie. Das klang so verzweifelt, als ob davon ihre Examensarbeit abhinge oder ihr Studium gefährdet sei oder was weiß ich.

»Leider kann ich keinen Hintermann finden, der mir den Rücken freihält, und allein darf ich die Tiere nicht einfangen«, erklärte ich ihr.

»Es tut mir wirklich leid, dass ich Ihnen so viel Mühe mache. Ihre Gibbons sind wohl viel aggressiver als die Affen im Primaten-Zoo. Die waren ganz harmlos. Bei denen habe ich sogar mitgeholfen. Ich könnte Ihnen auch helfen. Wissen Sie was, *ich* bin Ihr Hintermann.«

»Schönen Dank, aber das geht leider nicht. Werden Sie gebissen, verliere ich meine Stelle«, erklärte ich ihr.

Sie war enttäuscht. Wie niedergeschlagen sie dasaß! Musste ich ihr jetzt nicht beweisen, dass die Kavaliere in Kalifornien noch längst nicht ausgestorben sind? Kurz entschlossen sagte ich das Dümmste, was ich sagen konnte: »Aber man könnte es ja mal versuchen.«

»O, danke, danke, danke! Sie sind ein Schatz!«

»Dummkopf« wäre wohl die passendere Bezeichnung gewesen, doch für Sekunden fühlte ich mich wie ein Retter in der Not. Es war ein sehr schönes Gefühl. Ich holte die Fangausrüstung und brachte sie zum Gibbonkäfig. Die drei Gibbons sahen die beiden Fangnetze und äußerten ihr Unbehagen. Sie hangelten sich mit ihren langen Armen sofort in die äußerste Ecke des Käfigs und kuschelten sich schützend aneinander. Auf mich wirkten sie eingeschüchtert und ängstlich. Das nahm ich als ein gutes Zeichen.

Vorsichtig trat ich in den Käfig. Ich hatte gelernt, sicher aufzutreten – egal, ob mir danach zumute war oder nicht. Das ist ein Vorteil, wenn die Tiere in der Defensive sind. Eines der beiden Netze legte ich an die Käfigwand. Mit dem anderen wagte ich mich vor. Die Affen stoben in verschiedene Richtungen davon. Mir gelang der Wurf mit dem Netz, und – schwups! – hatte ich den ersten Gibbon eingefangen. Ich war stolz auf mich. Die Studentin war bestimmt tief beeindruckt. Ich verknotete das Netz, damit der Gibbon sich nicht vorzeitig verabschieden konnte.

In diesem Moment attackierten mich die beiden anderen Affen derart wütend, wie sie wütender gar nicht hätten sein können. Sie kamen aus zwei Richtungen gleichzeitig auf mich zu. Einer verkrallte sich in meinem Haar und ließ nicht mehr los. Der andere kniff mich so fest in den Arm, dass ich tagelang einen dicken Bluterguss hatte. Ein würdiger Abgang ist nicht mehr möglich, wenn man so von Gibbons angegriffen wird. Ich tat, was ich tun musste, um nicht in Stücke gerissen zu werden – denn das war die offensichtliche Absicht dieser »Fliegenden Gebrüder Gibbonski«! Rückwärts stürzte ich aus dem Käfig. Meine hübsche junge Studentin hatte gerade noch die Geistesgegenwart, die Schiebetür hinter mir zuzustoßen. Mit ihren knochigen Armen langten die Gibbons immer wieder durch die Gitterstäbe und versuchten, mich zurückzuziehen, damit sie mich weiter attackieren konnten. Schnell brachte ich mich außer Reichweite.

Hat man sich erst einmal zum Trottel gemacht, fällt einem normalerweise nichts Gescheites mehr ein. Trotzdem wollte ich etwas sagen, und so fragte ich:

»Ob das wohl die Strafe war, weil ich allein in den Käfig gegangen bin?«

»Schon möglich«, antwortete die junge Dame ungerührt mit einem Lächeln, das mir bestätigte, welch komische Figur ich abgegeben hatte.

Trotzdem wäre ich heilfroh gewesen, wenn wir anschließend hätten gehen und die ganze Sache vergessen können. Aber da war ja noch die Kleinigkeit mit dem Gibbon, den ich eingefangen hatte. In der Zwischenzeit hatte dieser sich in seinem Netz ungemein abgestrampelt und lag nun zusammengesackt auf dem kalten Zementboden. ›Das ist die Strafe!‹, dachte ich. Mir blieb nichts anderes übrig: Ich musste Hilfe holen, den Gibbon befreien und die Netze zurückbringen. Nach mühevollem Suchen stieß ich auf meinen Chef. Er kam mit, und gemeinsam gelang uns schnell, was ich allein nicht geschafft hatte.

»Wenn du wieder mal jemandem imponieren willst und dafür unsere Regeln außer Acht lässt, kostet es dich einen Finger, ein Auge oder dein Leben. Mach das bloß nicht noch einmal, Richmond«, sagte er ernst. Schweigend fuhren wir zur Tierklinik. Ich dachte über mein unverantwortliches Handeln nach. Diesen Fehler machte ich nie wieder. Dafür aber einen anderen.

Frau Dr. Reed, eine frisch gebackene Tierärztin, war neu im Zoo. Sie kam direkt von der Hochschule zu uns. Mit wilden Tieren hatte sie bisher noch nichts zu tun gehabt. Wie Tiere eingefangen werden, kannte sie nur aus dem Fernsehen. Aber immerhin war sie meine Vorgesetzte. Ich musste mich also nach ihren Anweisungen richten. Sie zeigte sich mutig und wollte lernen, Tiere festzuhalten. Darum bat sie mich, zur Seite zu treten. Sie wollte ein größeres Kudukalb halten. Ein Kudu ist eine große Antilope. Dieser Jungbulle wog zwar nur knapp 50 Kilogramm, aber mit seinen ausgezeichneten Hufen konnte er doch ganz schön gefährlich werden. Frau Dr. Reed wollte vorn zufassen und Kopf, Hals und Vorderbeine halten. Das Tier musste stehen bleiben, sonst hätte es mit seinen Hufen jemanden erschlagen können. Ich war Hintermann und hielt die Hinterschenkel. Mit den Hinterläufen kann die Antilope nämlich den größten Schaden anrichten.

Frau Dr. Reed trat an das Tier heran und fasste beherzt den jungen Kudu. Ich packte die Hinterbeine. Der behandelnde Tierarzt zog die Spritze mit einer großen Dosis Penizillin auf. In dem Moment ließ Frau Dr. Reed los. Sie wollte wieder zupacken – doch da kam das Tier zu Fall. Es schlug mit aller Kraft aus und stieß mich zu Boden. Ich wurde bewusstlos. Ein Huf hatte mich in den offenen Mund getroffen und meine Schneidezähne »begrüßt«. Das Zahnfleisch blutete wie wild. In meinen Ohren rauschte es laut. Dann wurde es Nacht. Als ich wieder zu mir kam, hörte ich die Stimme von Frau Dr. Reed: »Sagen Sie mir, wer Sie sind. Nennen Sie mir Ihren Namen!« Ich konnte sie davon überzeugen, dass ich bei Bewusstsein war, und wurde zur ärztlichen Behandlung fortgeschafft.

Danach habe ich nie wieder mit einem unerfahrenen »Hintermann« oder »Vordermann« gearbeitet. Bei diesem Entschluss bin ich geblieben. Seitdem habe ich, soweit ich mich erinnere, bei meiner Arbeit im Zoo auch keine Verletzungen mehr davongetragen.

In unserem Leben hängt viel davon ab, mit welchen »Hintermännern« wir uns umgeben. Ein guter Hintermann zieht uns aus der Patsche, wenn wir in Schwierigkeiten geraten. Er erinnert uns daran, dass wir die Regeln beachten müssen, wenn wir sie ignoriert haben. Er macht uns Mut, unsere Fähigkeiten voll zu entfalten.

Weil wir meistens das ernten, was wir gesät haben, ist es wichtig, dass wir selbst gute Hintermänner sind. In der nachfolgenden Aufstellung werden Verhaltensweisen und Eigenschaften aufgeführt, die einen guten Hintermann auszeichnen. Wer nur sich selbst liebt und an sich allein denkt, wird kein guter Hintermann. Es erfordert Opferbereitschaft und Mut, für andere zu leben. In der christlichen Sprache heißt das »einer für den anderen«. Beim Lesen der folgenden Bibelverse kommen uns vielleicht Menschen in den Sinn, die für andere sorgen und einstehen.

- *Liebet einander* (Johannes 15,12).
- *Richtet nicht* (Römer 2,1).
- *Ihr seid Glieder eines Leibes (Römer 12,5).*
- *Eure brüderliche Liebe sei herzlich* (Römer 12,10).
- *Seid gleich gesinnt gegeneinander* (Römer 12,16).
- *Erbaut einander* (Römer 14,19).
- *Seid gleich gesinnt untereinander* (Römer 15,5).
- *Nehmt einander auf* (Römer 15,7).
- *Rechtet nicht miteinander* (1. Korinther 6,6).
- *Sorgt füreinander* (1. Korinther 12,25).
- *Dient einander durch die Liebe* (Galater 5,13).
- *Fordert einander nicht heraus und beneidet einander nicht* (Galater 5,26).
- *Einer trage des anderen Lasten* (Galater 6,2).
- *Seid zueinander gütig und mitleidig* (Epheser 4,32).
- *Vergebt einander* (Epheser 4,32).
- *Ordnet euch einander unter* (Epheser 5,21).
- *Belügt einander nicht* (Kolosser 3,9).

- *Lehrt und ermahnt euch gegenseitig* (Kolosser 3,16).
- *Werdet überströmend in der Liebe zueinander* (1. Thessalonicher 3,12).
- *Ermuntert einander* (1. Thessalonicher 4,18).
- *Hasst nicht einander* (Titus 3,3).
- *Ermuntert euch untereinander* (Hebräer 3,13).
- *Lasst uns aufeinander achthaben zur Anreizung zur Liebe und zu guten Werken* (Hebräer 10,24).
- *Redet nicht gegeneinander* (Jakobus 4,11).
- *Seufzt nicht gegeneinander* (Jakobus 5,9).
- *Bekennt einander die Sünden* (Jakobus 5,16).
- *Betet füreinander* (Jakobus 5,16).
- *Seid gastfrei gegeneinander* (1. Petrus 4,9).
- *Grüßt einander* (1. Petrus 5,14).
- *Habt Gemeinschaft miteinander* (1. Johannes 1,7).

Das sind Verhaltensweisen und Eigenschaften eines idealen Hintermanns. Kennen wir Menschen, die unser Leben auf diese Weise bereichert haben? Sicher würden sie sich über ein Dankeschön – einen Brief oder einen Anruf – von uns freuen.

Und mit welchen Gaben können *wir* anderen helfen? Stehen in der Aufstellung auch Verse, die unsere Schwachpunkte aufdecken?

Lassen Sie uns das Buch zur Seite legen und Gott für unsere guten »Hintermänner« und »Hinterfrauen«, aber auch für die uns anvertrauten Begabungen danken. Wir dürfen Gott unsere Schwachpunkte nennen und uns von ihm stärken lassen.

Ich weiß nicht, wohin

Was empfinden Sie, wenn ein südamerikanischer Jaguar Sie mit fletschenden Zähnen durch die Gitterstäbe hindurch anknurrt? Sie sollten denselben Jaguar einmal kurz nach seinem Ausbruchsversuch sehen! Das ist eine Erfahrung, die Sie wochenlang nicht mehr loslassen wird …

Es war früher Nachmittag. Ich saß an meinem Schreibtisch und war dabei, die Polio-Schutzimpfungen für unsere Flachlandgorillas einzutragen. Da schrillte das Telefon. Die Zooaufsicht.

»Ein Unfall!«, schrie mir der Leiter der Zooaufsicht ins Ohr. »Eine große Raubkatze ist ausgebrochen und hat einen Wärter angegriffen. Wir brauchen dich und deinen Chef. Ihr müsst sofort kommen!«

Ich rannte ins Labor, wo Dr. Bernstein mit unserem Laboranten Versuchsergebnisse besprach.

»Doktor, eine heiße Sache. In einem Gehege des Südamerika-Bereichs ist eine große Wildkatze los. Wahrscheinlich ein Jaguar. Ein Wärter wurde verletzt.«

Er nickte. Wir griffen die Notfallinstrumente und stürzten zum Jeep. So etwas kann gelegentlich geschehen, das weiß man. Aber wenn es passiert, kommt es immer überraschend und sorgt für enorme Aufregung. Wir überlegten, wer vermutlich angegriffen worden war, und hofften, dass das Opfer keine bedrohlichen Verletzungen erlitten hatte.

Ein erfahrener Wärter kam uns entgegengelaufen. Wir parkten den Jeep hinter dem Jaguargehege. Während wir unsere Instrumente zusammensuchten, überschüttete uns der Wärter mit den Neuigkeiten:

»Die Jaguardame ist los, Doktor. Braucht eine Betäubungsspritze. Hat Whittle angefallen. Arm gebrochen. Sonst ist er okay. Sein Arm geriet in ihr Maul, als das Biest ihn ansprang. Er ist mit dem Unfallwagen unterwegs zum Krankenhaus.«

»Wo sind die Zoobesucher?«, fragte ich. Es war Montagnachmittag, die Uhr zeigte 16.15 Uhr. Um diese Zeit waren keine Menschenmassen mehr im Zoo, aber einige Leute spazierten noch herum.

»Ja, daran ist gedacht. Wir haben die Leute zusammengetrommelt und im Besucherzentrum in Sicherheit gebracht, bis wir das Tier hinter Gittern haben.«

»Prima Idee.«

»Kommt, packen wir's an, bevor noch mehr passiert«, rief der Arzt.

Der Jaguar war auf ganz einfache und originelle Weise in Schach gehalten worden. Einige Tierpfleger hatten in Windeseile Abfalleimerdeckel und Harken herbeigeschafft. Damit umzingelten sie das Raubtier. Jedes Mal, wenn es ausbrechen wollte, schrien sie und schlugen mit den Abfalleimerdeckeln aufeinander. Dieses Schauspiel hätte wohl eher um die Jahrhundertwende nach Indien gepasst als in die Neuzeit nach Los Angeles.

Wir machten das Narkosegewehr fertig und berechneten sorgfältig die angemessene Dosis. Dabei mussten wir drei Dinge berücksichtigen: Erstens werden Großkatzen nicht sofort bewusstlos. Bei der richtigen Dosis muss man immer fünf Minuten bis zum Einschlafen einkalkulieren. Und zweitens geht oft ein Schuss daneben und dringt nur ins Fettgewebe. Bis zum nächsten Schuss muss einige Zeit vergehen, denn vielleicht hat das Tier doch die volle Dosis abbekommen, die erst aus einer tiefer gelegenen Fettschicht sickert. Drittens werden einige Tiere sehr wütend, wenn sie mit dem Narkosegewehr beschossen werden. Die Nadel ist recht dick und verursacht einen starken Schmerz.

Es ist klar, dass diese Bedenken besonders dann angebracht sind, wenn das Tier außerhalb seines Käfigs ist. Der Jaguar kann angreifen. Wahrscheinlich den, der schießt. Und das war ich! Ehrlich gesagt: Meine Zunge klebte mir am Gaumen, das Herz schlug mir bis zum Hals, und ich zitterte so sehr, dass ich Halt suchte. Ich legte das Betäubungsgewehr an und zielte auf die feste Muskulatur des Hinterschenkels. Da traf mich der Blick des Jaguars. Ich vergaß fast zu atmen. Sobald er wegsah, würde ich den Schuss auslösen …

Da – ein Schrei!

»Nicht schießen!« Das war Dr. Nathan Gale, der stellvertretende Direktor. Bestimmend und gebieterisch hatte er gerufen.

Ich ließ die Waffe sinken. Dr. Gale trat zu uns.

»Hört mal, Leute, der will doch nur in seinen Käfig zurück. Wenn wir ihn anschießen und der Schuss geht daneben, rennt er uns über alle Berge. Ist er erst einmal im Griffith Park verschwunden, brauchen wir mindestens eine Woche, bis wir ihn wiederfinden. Dann verlangt die Polizei, dass wir ihn erschießen, und das wollen wir doch nicht. Wir werden sanften Druck auf den Jaguar ausüben und ihn so zu seinem Käfig zurückgeleiten. Sieht er erst die offene Käfigtür, rennt er von allein hinein.«

Ich hielt mich an den Grundsatz: »Ein Chef hat zwar nicht immer recht, aber Chef bleibt Chef.« Dann sagte ich laut: »Wir sollten es versuchen. Was haben wir schon zu verlieren?« Hoffentlich merkte man meiner Stimme die Skepsis nicht an!

Dr. Gale ließ einige Wärter vorauseilen und die Käfigtür öffnen. Uns, die Übrigen, stellte er in zwei Reihen auf, sodass wir für den Jaguar ein Spalier bildeten. Dann übernahm er den gefährlichen Part. Langsam, ganz langsam ging er auf den Jaguar zu. Damit wollte er ihn vorsichtig in Bewegung setzen. Die Raubkatze fauchte und schlug mit der Tatze nach ihm. Der Arzt wich nicht zurück. Endlich machte sich das Tier auf und schlich los. Dr. Gale gab nicht nach und verstärkte den Druck sogar leicht, damit der Jaguar nicht stehen blieb, aber auch nicht herausgefordert wurde. Das geschah ganz sanft. Es sah aus, als ob ein Mann mit seinem zahmen Haustier spazieren ging.

Aber der schwierigste Augenblick kam noch. Würde die Wildkatze einfach durch die Tür in ihren Käfig gehen? Das war die große Frage. Da geschah es: Der Jaguar sah die offene Tür und lief nicht nur, sondern rannte regelrecht in seinen Käfig hinein – ganz begeistert, wieder in Sicherheit zu sein. Das war wider Sinn und Verstand! Hatte der Jaguar nicht die Freiheit gesucht? Irrtum, ich hatte mich gründlich vertan.

Dr. Gales Mut war bewundernswert. Wie hatte er gewusst, dass der Jaguar auf seine offene Käfigtür so reagieren würde? Ich fragte ihn.

Er gab mir eine großartige Antwort. »Eigentlich wissen wir nie, wie ein wildes Tier reagiert, darum nennen wir es ja ›wild‹. Heini Hediger hat ein gutes Buch geschrieben. Es trägt den Titel *Beobachtungen zur Tierpsychologie im Zoo und im Zirkus*. Hediger geht davon aus, dass ein Tier seine Orientierung verliert, sobald es sein Revier oder seine Behausung – in diesem Fall seinen Käfig – verlässt. Es weiß nicht, wohin es gehen soll. Es hat kein Gespür für seine Umgebung. Sie ist ihm fremd. Es ist verunsichert. Der Käfig hingegen bedeutet Sicherheit. Er ist seine Zuflucht, seine Behausung.«

»Lässt sich diese Methode immer anwenden?«, fragte ich.

»Immer möchte ich nicht sagen, aber man sollte sie zunächst immer ausprobieren.«

Wir Menschen unterscheiden uns im Grunde genommen gar nicht so sehr von diesem Jaguar. Ich erinnere mich, wie ich als Kind von zu Hause fortlaufen wollte. Weil ich böse gewesen war, wurde ich entsprechend bestraft. »Ich laufe weg und komme nie mehr wieder!«, rief ich daraufhin wütend. Meine Mutter half mir beim Packen. Sie machte mir sogar leckere Butterbrote. Sorgfältig legte sie meine Sachen zusammen und packte sie in meinen kleinen Koffer. Die Schlösser schnappten zu, und dann reichte sie mir den Koffer und das Proviantpaket.

Gemeinsam gingen wir, Mutter und ich, zur Landstraße. Zuerst schaute ich nach rechts, dann nach links. Die Welt war doch größer und beängstigender, als ich sie mir vorgestellt hatte. Ich begann leise zu weinen. Schließlich musste ich schluchzen. Meine Mutter fragte mich freundlich, warum ich weinte.

»Ich weiß nicht, wo ich hingehen soll!«, jammerte ich.

»Möchtest du wieder mit nach Hause kommen?«, fragte sie.

»Ja.«

»Dann willst du auch immer lieb sein?«

»Ja.« (Meine Mutter glaubte mir fast alles!)

Sie nahm mich wieder mit nach Hause. Erleichterung und Geborgenheit durchfluteten meine fünfjährige Kinderseele!

Die Geschichte vom verlorenen Sohn kennt wohl jeder. Sie steht in der Bibel in Lukas 15. Der Sohn wird in dem fremden Land immer unglücklicher und sehnt sich nach seinem Zuhause. Das »Zuhause« ist für ihn gleichbedeutend mit der Nähe des Vaters. Er spürt, hier ist er abhängig, hier muss er sich einordnen. Der Vater schließt den Heimkehrenden voller Herzlichkeit in die Arme und nimmt ihn wieder ganz als Sohn auf. Auch als der Sohn weit weg war, hatte der Vater ihn immer geliebt.

»Öffnet die Tore, dass einziehe eine gerechte Nation, die Treue bewahrt! Den festen Sinn bewahrst du in Frieden, in Frieden; denn er vertraut auf dich. Vertraut ewig auf den HERRN; denn in Jah, dem HERRN, ist ein Fels der Ewigkeiten« (Jesaja 26,2-4).

Sind Sie zu Hause? Dann bleiben Sie zu Hause! Wenn nicht, dann kommen Sie heim! An den Worten Jesu hatten viele, die ihm nachgefolgt waren, Anstoß genommen. Die Bibel berichtet sogar, dass sich manche zurückzogen und nicht mehr mit ihm gingen. *»Da sprach Jesus zu den Zwölfen: Wollt ihr etwa auch weggehen? Simon Petrus antwortete ihm: Herr, zu wem sollen wir gehen? Du hast Worte ewigen Lebens«* (Johannes 6,67-68).

J. B. Coats drückt es in einem Glaubenslied so aus: »Wohin sollt ich gehen, / wenn nicht zum Herrn …?«

Zugreifen ist leichter als loslassen

Mögen Sie Königskobras? Ich für meinen Teil kann sie nicht ausstehen, und das hat seinen guten Grund. Unser Zoo besaß ein fast vier Meter langes Exemplar; für mich der Inbegriff des Bösen. Über dem linken Auge hatte die Kobra eine Narbe, was ihre Boshaftigkeit noch unterstrich, aber – und das war das Schlimmste – diese Narbe hinderte sie daran, sich ganz normal zu häuten. Mindestens zweimal im Jahr bekamen wir deshalb den gefürchteten Anruf aus dem Reptilienhaus: »Die Kobra hat sich vergangene Woche gehäutet, aber über dem Auge hat sich die Haut nicht gelöst. Sieht nach einer Infektion aus. Vermutlich müssen der Arzt und Richmond kommen und die Stelle behandeln.«

Eine Schlange hat über dem Auge Schuppen, die das Auge vor Sand und anderen Fremdkörpern schützen, denn Schlangen haben keine Augenlider, die sie schließen könnten. Die Narbe unserer Schlange verhinderte eine normale Häutung. Darum musste der Wulst über dem Auge vom Tierarzt entfernt werden.

Wir verabredeten uns für den nächsten Tag. Es war immer schwierig, für diese Prozedur Leute zu finden, denn sie war äußerst gefährlich. Es gab eigentlich nur zwei Männer in unserem Zoo, die giftige Schlangen greifen konnten – und diese hier war die giftigste von allen! Eine Königskobra hat in ihrer Drüse Gift für etwa 500 Erwachsene – eine Tatsache, die immer gerade kurz vor unserem Eingriff nachdrücklich zur Sprache kam …

Der Leiter des Reptilienhauses wurde auserkoren, den Kopf zu packen. Zwei Schlangenwärter sollten den Leib halten. Sobald sie die Schlange im Griff hatten, sollte der Tierarzt mit der delikaten Behandlung beginnen. Nur wenige Zentimeter von der todbringenden Giftschleuder entfernt würde er die Operation vornehmen. Meine Aufgabe bestand darin, Skalpell, Klammer, Wattebausch und Ähnliches zu reichen.

Und so wurde die Kobra gefangen: Wir fünf nahmen unsere Plätze ein. Die beiden Wärter standen rechts und links neben der großen

Käfigtür. Der Leiter stand vor der Tür, knapp zwei Meter davon entfernt. Der Tierarzt und ich standen rechts und links neben dem Leiter, etwa drei Meter von der Tür weg. Die einzige »Waffe« der Wärter waren zwei Vogelnetze mit ungefähr 60 Zentimeter langen Griffen.

Mit einem Kopfnicken deutete der Leiter an, dass die Tür geöffnet werden sollte. Sekunden später war die Kobra da. Sie erblickte uns, hielt inne, spreizte ihren Kopf und richtete sich hoch auf. Der Käfig war ungefähr 60 Zentimeter über dem Boden; so standen wir alle der Schlange in Augenhöhe gegenüber. Die Kobra zitterte vor Erregung, als sie sich ihrerseits ihren fünf Erzfeinden Auge in Auge gegenübersah. Sie schien sich ihr Opfer noch auszusuchen. Ihre Wahl fiel auf den Leiter des Reptilienhauses, und mit schockierender Geschwindigkeit schnellte die Schlange zischend und fauchend vor. Rasch warfen die geschickten Wärter die Netze über den Kopf der Kobra. Sie stieß vor und wollte durchs Netz dringen. Da packte der Leiter sie fest im Genick, direkt hinter ihren Giftdrüsen. Die Wärter umklammerten den sich windenden Leib. Der Leiter nickte und sagte: »Bringen wir's hinter uns!«

Die Spannung war unglaublich. Die Hände des Tierarztes zitterten. Schweißperlen rannen über die Stirn des Leiters. Er wandte sich an mich und fragte: »Hast du Schrammen oder Risse an den Händen?«

Ich sah auf meine Hände und sagte: »Nein.«

»Nimm ein Knäuel Papierhandtücher, schnell!«, befahl er. Ich tat, was er sagte.

»Steck ihr das Papier ins Maul!«

Die Königin der Schlangen betrachtete aufmerksam die Papierhandtücher, die ihr sorgfältig ins Maul geschoben wurden. Jetzt durfte sie zubeißen. Und sie biss zu! Wütend kaute und kaute sie. Die Handtücher färbten sich gelb, bis sie vom Gift nur so troffen.

Jetzt erklärte uns der Leiter: »Wisst ihr, dass jedes Jahr mehrere Elefanten durch Bisse von Königskobras sterben? Ein Mensch würde solch eine Giftladung nie überleben. Darum lassen wir die Kobra ihre Giftdrüsen entleeren. Da schwitzen einem die Hände, und die Finger sind ganz verkrampft. Und wenn man die Schlange loslässt, ist man vielleicht nicht schnell genug. Beim Loslassen wird man nämlich eher gebissen als beim Fangen. Es ist sehr anstrengend, eine so große Giftschlange zu halten.«

In unserem Leben gibt es manche Parallelen hierzu. Vieles lässt sich leicht greifen, aber nur schwer wieder loslassen. Wir sollten uns deshalb der großen Gefahren und schlimmen Folgen solcher Dinge bewusst sein. Schuld, Neid, Lüge, Ehebruch, Drogen, Alkohol, Pornografie – das alles sind Schlangen, die unsere Kräfte rauben und uns einen tödlichen Biss versetzen können, wenn wir versuchen, sie wieder loszulassen.

»Da ist ein Weg, der einem Menschen gerade erscheint, aber sein Ende sind Wege des Todes« (Sprüche 14,12).

Als sich Simson mit Delila einließ, war das für ihn mit aufregenden Erfahrungen verbunden. Doch sein Leben wurde zugrunde gerichtet, nachdem er seinen Kopf auf ihren Schoß gelegt hatte. Lesen Sie seine Lebensgeschichte in den Kapiteln 13–16 im Buch der Richter. Stellen Sie sich dann zwei Fragen:

»Wen kenne ich, dessen Kopf auf Delilas Schoß liegt?« Wenn Sie einen solchen Menschen kennen, sollten Sie versuchen, ihn zu retten.

»Wenn ich auf Delilas Schoß aufwachte, gäbe es dann irgendeinen, der mich retten würde?« Falls nicht, dann schlüpfen Sie in die Rolle eines Freundes, der das versuchen würde!

Frei wie ein Vogel im Wind

Es wollte mir nicht einleuchten: Die Diebe waren frei, und die gestohlenen Vögel steckten im Gefängnis. Das wird auch Ihnen unbegreiflich sein. Ich will es erklären:

Während der ersten Zeit meiner Anstellung in der Zooklinik versorgte ich eine ganze Voliere mit Rotschwanzbussarden. Es waren 15 Vögel, die in einem erbärmlich kleinen Käfig zusammengepfercht waren. Meiner Meinung nach sahen sie richtig bedrückt aus. Ich erkundigte mich, warum wir 15 Rotschwanzbussarde versorgten und ihnen keinerlei Flugmöglichkeit boten. Die Antwort ließ mich erschauern.

Oberwärter Johnny Torres – ein ganz jovialer Mexikaner – erklärte mir: »Nun ja, diese Bussarde sind Beweismaterial für eine Gerichtsverhandlung. Sie wurden illegal gefangen, und wir halten sie so lange hier, bis die Burschen verurteilt sind.«

»Und nach den Gerichtsverhandlungen, was geschieht dann mit den Tieren?«, fragte ich weiter.

»Das weiß ich nicht«, antwortete er. »Wir erfahren sowieso nichts. Einige Vögel sind schon sehr lange hier. Wir wissen auch gar nicht, welcher Vogel zu welchem Gerichtsverfahren gehört. Wahrscheinlich werden sie auch hier sterben.«

»Das ist doch komplett sinnlos!«, protestierte ich.

»Richmond, wer hat dir das Märchen erzählt, dass hier etwas sinnvoll ist? Du solltest nicht zu viele Fragen stellen. Die Freunde in der Verwaltung schätzen solche Probleme nicht. Wenn ich dir einen Rat geben darf: Vergiss es!«

Ehrlich gesagt, es ist nicht meine Art, Dinge unter den Teppich zu kehren. Die Armen, die Kinder und die Tiere brauchen unsere Hilfe, und das hier war schlicht und einfach Unrecht. Die Wilddiebe waren – bis zur Verurteilung – auf freiem Fuß, und die Opfer wurden bestraft.

Ich forschte vorsichtig weiter nach und kam zu der Überzeugung, dass die Tiere in Not geraten waren. Niemand kümmerte sich um ihre prekäre Lage. Der Amtsschimmel, der Abhilfe schaffen konnte, trabte träge und schwerfällig dahin, und niemand konnte ihn beschleunigen.

Es blieb nur ein Ausweg: Die Vögel mussten »versehentlich« freigelassen werden. Wenn ungefährliche Tiere durch die Unachtsamkeit eines Wärters ausbrachen, gab es in der Regel nur einen Aktenvermerk. Bisher hatte ich noch keinen in meinen Unterlagen. Dieser Preis schien mir außerdem sehr gering, wenn ich damit das Unrecht in Bezug auf die Bussarde beseitigen konnte.

Ich beschloss, sie an einem Dienstagnachmittag freizulassen, wenn die Aufseher zur Konferenz über Tiergesundheit zusammenkamen. Dann waren sie für etwa zwei Stunden außer Reichweite. Ich hatte also reichlich Zeit, meine Mission zu erfüllen.

Der Dienstag kam, und die Aufseher verschwanden aus dem Klinikbereich. Ich ging zur Voliere, löste den Riegel und ließ die Tür weit offen. Vorsichtig sah ich mich um: Niemand war in Sicht. Ich huschte ins Gesundheitszentrum zurück und machte mich mit einem tiefen Gefühl der Genugtuung wieder an meine Arbeit. Ich fühlte mich rundum zufrieden. Leider nicht sehr lange …

Nach einer Stunde ging ich wieder zur Voliere. Ich traute meinen Augen nicht: Alle 15 Vögel saßen nach wie vor gemütlich auf den Stangen im Käfig. Aber noch war Zeit! Vielleicht brauchten die Rotschwanzbussarde eine besondere Aufforderung? Nun, da konnte ich ihnen helfen. Ich lief in die Voliere, schlug mit den Armen um mich und brummte wie ein Bär. Richtig, das schreckte die Vögel auf. Sie flogen hinaus und landeten etwa drei Meter neben der Tür des Vogelhauses. Was für ein erbärmlicher Anblick! Sie waren ganz verängstigt, und mir wurde klar: Sie wollten in ihren Käfig zurück. »Seht euch doch mal den Himmel an!«, rief ich. »Ihr seid doch für den Himmel geschaffen!«

Im Käfig fühlte ich mich etwas befangen. Darum trat ich hinaus und redete von Neuem auf die Vögel ein: »Was ist denn mit euch los? Ihr seid doch keine Hühner! Ihr seid majestätische Raubvögel. Ihr erjagt euch eure Nahrung. Gott gab euch eine Aufgabe. Fliegt los und erfüllt sie!« Ich ging zum Gesundheitszentrum zurück. Vielleicht würde ihr Instinkt sie leiten und das Bedürfnis wecken, sich dem

Wind zu überlassen. Ich ließ 15 Minuten vergehen. Dann eilte ich wieder zur Voliere. Kein einziger Vogel hatte ein natürliches Flugbedürfnis verspürt. Einige waren tatsächlich in den Käfig zurückgetrippelt. Nach einer weiteren Viertelstunde gab ich es auf. Ich muss gestehen, dass ich völlig verblüfft war. Das Ganze endete so, dass ich die Vögel wie Gänse in den Käfig zurückführte. Was hatte ich verkehrt gemacht?

Ich hatte das Problem menschlich beurteilt, oder anders ausgedrückt: Ich hatte meine Gedanken auf die Vögel übertragen. Die Vögel hatten gar nicht schwermütig und sehnsüchtig im Käfig gesessen. Das war nur mein Eindruck gewesen, meine Projektion. Sie waren schon lange völlig zufrieden damit, nur herumzusitzen und auf Futter zu warten. Sie brauchten keinen Hunger zu leiden, keine Dürreperioden zu überwinden und keine Gebietskämpfe auszutragen. Es ging ihnen gar nicht schlecht. Ich empfand zwar ein Unbehagen für sie, aber sie selbst empfanden dies nicht. Dieses Unbehagen war offensichtlich so entstanden: Mit dem Einsperren hatten wir den Bussarden etwas genommen, was ihren Wert ausmacht – ihre Zweckbestimmung. Die Rotschwanzbussarde, die Gott schuf, haben sich als ausgezeichnete Ratten-, Mäuse- und Schlangenjäger erwiesen. Nur wenige Vögel können so elegant fliegen und so gezielt ihre Beute verfolgen wie sie. Unserer Vogelgruppe war eindeutig ihr ökologischer Zweck geraubt worden. Und wir gaben den Zoobesuchern nicht einmal die Gelegenheit, den Wert dieser Vögel zu erkennen. Das war es, was mich so aufregte!

Als ich an diesem Tag meine Pflicht getan hatte, dachte ich noch etwas über »Freiheit« nach. Ich kam zu dem Ergebnis, dass Freiheit die Fähigkeit ist, die Aufgabe, für die wir geschaffen sind, zu erfüllen. Ich überlegte weiter, dass der Mensch durch nichts davon abgehalten werden kann, seine Zweckbestimmung zu erfüllen. Er ist immer und in allen Lebenslagen frei, das zu tun, wozu er geschaffen ist. Die Bestimmung des Menschen ist es, Gott zu lieben und ihm zu dienen. Je schwieriger die Lebensumstände sind, desto größer ist die Gelegenheit, diesem Zweck zu entsprechen. Wir sind jetzt und allezeit frei, das zu sein, was wir sein sollen: Geschöpfe, die Gott verherrlichen und sich an ihm erfreuen.

Der weise Salomo drückte es so aus:

»Das Endergebnis des Ganzen lasst uns hören: Fürchte Gott und halte seine Gebote; denn das ist der ganze Mensch. Denn Gott wird jedes Werk, es sei gut oder böse, in das Gericht über alles Verborgene bringen« (Prediger 12,13-14).

Der Apostel Paulus schreibt in Galater 5,1:

»Für die Freiheit hat Christus uns freigemacht …«

Und in Vers 13 fährt er fort:

»Denn ihr seid zur Freiheit berufen worden, Brüder; nur gebraucht nicht die Freiheit zu einem Anlass für das Fleisch, sondern durch die Liebe dient einander.«

Erfüllen wir den Zweck, für den wir bestimmt sind? Oder geben wir uns mit dem zufrieden, was die sichtbare Welt bietet? Wir haben die Freiheit, selbst zu entscheiden.

Setz dich erst mal hin!

Ich war gerade dabei, ein Behandlungsset in unserem gut ausgestatteten Operationssaal zusammenzustellen. Da schrillte das Telefon. »Richmond, wie ich hörte, sind die Tierärzte bis heute Nachmittag auf einer Konferenz.« Das war die Stimme des Wärters vom Kinderzoo.

»Richtig, Bill. Was gibt's denn?«

»Ja, wie soll ich dir das erklären? Wir haben doch hier diese Waschbärjungen, und beide knicken ständig mit den Hinterbeinen weg. Das ist ganz eigenartig. So etwas haben wir hier noch nicht gesehen.«

»Soll ich sie abholen? Ich kann sie hier halten, bis die Tierärzte von der Konferenz kommen. Sie werden ohnehin die Tiere untersuchen und Röntgenaufnahmen machen wollen.«

»Das wäre nett von dir, Richmond. Falls sie sich nämlich angesteckt haben sollten, dann hätten wir hier nach ihrer Abholung keine Probleme mehr. Also, abgemacht.«

Ich fuhr sofort los und nahm die kleinen Waschbären mit. Es war etwa 9.30 Uhr. Im Gesundheitszentrum angekommen, hob ich sie aus ihrem Tragkäfig und stellte fest, dass sie tatsächlich die Hinterbeine nicht mehr benutzen konnten.

Die Waschbärjungen waren äußerst verschmust. Sie waren mit der Flasche aufgezogen worden und beide sehr verspielt und liebesbedürftig. Bis auf die ungewöhnliche Schwäche in ihren Hinterbeinen schienen sie ganz munter zu sein. Ich steckte sie in die beiden großen Taschen meines Laborkittels. Während ich von Raum zu Raum trödelte, beschäftigte ich mich mit den kleinen Rackern. Sie lutschten an meinen Fingern und spielten mit meinen Händen. Doch bald schon wurden sie müde und nickten ein, länger als sonst. Als sie endlich aufwachten, wollten sie nicht fressen und spielten mit etwas weniger Begeisterung als am Morgen. Sie taten mir leid. Darum blieb ich den ganzen Tag mit ihnen in Kontakt.

Gegen 16 Uhr kamen die Tierärzte zurück. Dr. Bill Hulsizer trat als Erster herein. Er fand mich im Röntgensaal. Als er die Waschbärjungen in meinen Kitteltaschen sah, wurde er blass.

»Können die Bären möglicherweise die Hinterbeine nicht mehr benutzen?«, fragte er ganz ernst.

»Woher weißt du das? Du hast dir die beiden doch noch gar nicht angesehen!«, erwiderte ich sehr verwundert.

Er hob die Waschbärjungen aus meinen Taschen und setzte sie in einen rostfreien Käfig auf ein Badetuch.

»Setz dich erst mal hin, Gary! Du wirst nicht gerade besonders glücklich sein über das, was ich dir jetzt sagen muss.«

Ich nahm Platz und fragte mich, was ich wohl falsch gemacht hatte. Mir fiel nichts ein. Umso mehr wunderte ich mich.

Dr. Hulsizer sah mir fest in die Augen und sagte: »Ich bin mir zu 90 Prozent sicher: Beide Waschbären haben Tollwut.«

»Was?!«, rief ich ungläubig. »Woher weißt du das? Du hast sie ja noch nicht einmal untersucht!«

Nun erzählte mir Bill eine Geschichte, die mich überraschte und sehr betroffen machte. Er teilte mir mit, dass unsere Tierärztin, Frau Dr. Westfall, den Waschbärjungen eine abgeschwächte Tollwut-Schutzimpfung mit Lebendimpfstoff verabreicht hatte. Sie war der Meinung, das sei eine Standardimpfung. Sie hatte jedoch nicht gewusst, dass dieser Impfstoff bei Hunden zwar Tollwut verhüten, bei Waschbären jedoch Tollwut verursachen kann. Bill sagte mir, dass er den schwerwiegenden Fehler entdeckt habe, als er die Arztberichte im Kinderzoo durchsah. Er hatte Frau Dr. Westfall sofort darauf aufmerksam gemacht. Dass sie diesbezüglich so wenig wusste, war ihr ganz peinlich gewesen. Nun wollte sie die Sache unbedingt auf ihre Art in Ordnung bringen. Inständig bat sie Bill, so zu tun, als ob er von dem ganzen Fall nichts wüsste. Und leider ging er darauf ein.

Sie fand eine Statistik, aus der hervorging, dass Waschbärjunge nicht immer erkranken müssen, und darauf wollte sie es ankommen lassen. Ja, sie ging sogar so weit, dass sie die Arztberichte im Kinderzoo abänderte. Beide Tierärzte untersuchten die Waschbären zwei- bis dreimal täglich, aber mir hatten sie nie etwas davon verraten. Sie rechneten nicht damit, dass die Tollwut genau an dem Tag ausbrechen könnte, an dem sie beide auf der Konferenz waren.

»Wieso bist du dir so sicher, dass es gerade *diese* Krankheit ist?«, wandte ich ein. »Sie haben doch keinen Schaum vor ihrem Maul.«

»Sie haben allgemeinere Symptome. Wir nennen das einen ›stummen Krankheitsverlauf‹.«

»Soll das heißen, ich muss mich dieser Pferdekur von Impfungen unterziehen, von der man immer wieder hört?«, fragte ich.

»Das hängt davon ab, ob du Direktkontakt hattest. Wenn du gebissen wurdest oder wenn deine Haut verletzt beziehungsweise zerkratzt wurde, dann ist das Direktkontakt. Wenn du offene Wunden hattest, durch die ihr Speichel eindringen konnte, dann bedeutet das Direktkontakt. Bei den Waschbärjungen bedeutet es schon Direktkontakt, wenn sie dich bloß gekratzt haben, weil die Kerlchen ihre Pfoten ständig ins Maul stecken. Zeig mal deine Hände!«

Meine Hände waren von Schrammen und Kratzern bedeckt. Mehr als die Hälfte davon hatten die Waschbärjungen mir heute beigebracht. Bill nickte und sagte: »Ich glaube, du wirst dich impfen lassen wollen.«

Ich fühlte mich elend. Nun würde ich erfahren, ob die Impfprozedur wirklich so schrecklich war wie ihr Ruf.

Die Waschbärjungen wurden der Wissenschaft geopfert. Ihr Gehirn wurde an zwei verschiedene Laboratorien zur Analyse geschickt. Beide Laboruntersuchungen waren positiv. Jetzt wurde sorgfältig nach den Kontaktpersonen der Waschbären gesucht. Man fand 120 Personen, aber nur fünf von ihnen hatten Direktkontakt gehabt. Es waren zwei Wärterinnen vom Kinderzoo, der Zoofotograf, sein Assistent und ich. Eine Kinderzoowärterin verweigerte die Schutzimpfung aus persönlichen Gründen; so blieben schließlich vier übrig, die diesen schweren, gemeinsamen Weg antraten.

40 Stunden nach Bekanntwerden der Krankheit wurden wir ins County General Hospital gefahren. Zunächst musste festgestellt werden, ob wir für diese Behandlung überhaupt robust genug waren. Jeder musste sich einer sorgfältigen Untersuchung unterziehen. Ergebnis: Wir waren alle gesund. Dann erfuhren wir, dass laut Statistik drei Prozent an der Tollwutimpfung sterben würden. Natürlich dachte jeder

von uns still bei sich, dass er unter Umständen zu diesen drei Prozent zählen könnte. Bei einem stimmte es sogar beinahe …

Uns wurden weitere Statistiken in die Hand gedrückt, die unsere »Chancen« aufzeigten. Wir als Kontaktpersonen Nummer eins hatten eine Fünfzig-Prozent-Chance, an Tollwut zu erkranken. Sollten wir tatsächlich erkranken, bestand hundertprozentige Todesgefahr. Außerdem machte man uns darauf aufmerksam, dass einer von uns vieren höchstwahrscheinlich starke allergische Reaktionen auf die massive Dosis des Pferdeserums zeigen würde, das wir in wenigen Minuten erhalten sollten.

Und dann begann die Behandlung. Es wurde beschlossen, dass meine Dosis Pferdeserum 50 Kubikzentimeter betragen sollte. Spritze und Nadel glichen einem fremdartigen Requisit in einer bizarren Komödie. Aber glauben Sie mir, lustig war das Ganze mit Sicherheit nicht! Ich kann nur hoffen, dass ich eine derart große Flüssigkeitsmenge – egal, welcher Art – nie mehr injiziert bekomme. Die Spritze tat schrecklich weh, und ans Sitzen war in den nächsten Stunden gar nicht mehr zu denken.

Dann wurden wir in einen anderen Raum geführt. Hier verabreichte man uns eine Spritze in den Bauch, weil wir in diesem Bereich die wenigsten Muskeln haben. Tollwut-Impfungen sind – abgesehen von den Schmerzen – furchtbar kompliziert. Zunächst wird eine »Landkarte« auf den Bauch gezeichnet und bestimmt, wo der Arzt die Spritzen setzen will. Er schreibt die Zahlen eins bis dreiundzwanzig mit wasserfester Tinte direkt auf den Bauch. Auf diese Weise vermeidet er, zwei Spritzen an dieselbe Stelle zu setzen. Die Spritzen werden vorsichtig subkutan (zwischen Muskeln und Haut) verabreicht. Dann schwillt die betreffende Stelle an, und die schlimmen Schmerzen setzen ein.

Wir bekamen die erste und die zweite Spritze. Sie taten sehr weh. Zuerst spürten wir etwa zwei Minuten lang ein Brennen, dann setzten Schmerzen ein – und schließlich ein starker Juckreiz. Aber es ließ sich aushalten. Bei jeder weiteren Behandlung machten wir uns gegenseitig Mut.

Morgens trafen wir uns am Zoo und wurden dann zum Krankenhaus gefahren. Das County General Hospital ist nicht gerade ein architektonisches Meisterwerk und liegt in einer bedrückenden Gegend von Los Angeles. Im Kontrast zur Gartenlandschaft unseres Zoos im Griffith Park erschien uns das Krankenhausgemäuer besonders grau, düster und wie eine Haftanstalt.

Wir vier wurden gute Freunde und beschlossen, das Beste aus der schlimmen Situation zu machen. Manchmal versuchten wir, uns aus Spaß gegenseitig zu beißen und Schaum vor dem Mund zu bilden. Eines Tages würden wir unseren Enkeln von unseren Erlebnissen berichten oder irgendwann ein Buch darüber schreiben! Freudestrahlend teilte ich eines Morgens den anderen mit, dass mein Blut nach abgeschlossener Behandlung so wertvoll sei, dass es sich gut verkaufen ließe. Karen, die Wärterin des Kinderzoos und unsere Leidensgenossin, meinte nur: »Gary, du tust ja gerade so, als hätten wir das große Los gezogen. Vorsicht, das ist nicht gut!«

Am fünften Tag kam Karen nicht wie verabredet zum Zoo. In der Nacht zuvor war sie ins Krankenhaus eingeliefert worden. Nachdem wir unsere neunte und zehnte Spritze bekommen hatten, besuchten wir Karen in ihrem Krankenzimmer. Sie hatte am ganzen Körper einen feuerroten Hautausschlag. Ihr Gesicht war sehr aufgedunsen. Wir versuchten, sie etwas aufzumuntern, aber wir fanden es ziemlich schwierig, tapfer zu sein. Durch die Behandlung wurden wir furchtbar müde und hinfällig. Ich hatte ständig Kopfweh, und mir war fast immer übel. Wir hatten Schwellungen, die fürchterlich juckten. Die Ärzte meinten, das seien gute Zeichen, die zeigten, dass sich der Körper mit dem Virus auseinandersetze. Schön, dass mein Körper sich wehrte – aber musste gerade *ich* das Kampffeld sein?

Am sechsten Tag konnte ich nicht zur Arbeit gehen. Meine Frau Carol bestand darauf, mich sofort ins Krankenhaus zu fahren. Auf dem Weg dorthin schwollen meine Finger an. Am ganzen Körper zeigten sich Pusteln. Die Ärzte waren etwas nachdenklich, aber sie meinten, die Symptome ließen sich medikamentös behandeln, und schickten mich folglich wieder nach Hause.

Wenige Stunden später fuhr mich Carol wieder ins County General Hospital. Diesmal wurde ich überaus schnell aufgenommen. Die Medikamente hatten überhaupt nicht geholfen …

Ich wurde sehr krank. Blitzschnell bekam ich eine hochfiebrige Serumallergie. Mein Gesicht schwoll bis zur Unkenntlichkeit an. Meine Finger konnte ich gar nicht mehr bewegen. Jede Berührung tat mir weh. Der Juckreiz war unvorstellbar stark. Nie zuvor – und auch nie danach – musste ich solch ein entsetzliches Gefühl ertragen wie in diesen 24 Stunden. Ich fühlte mich in meinem eigenen Körper wie eingesperrt. Keine Folterkammer der Welt hätte mich grausamer quälen können. Das Atmen fiel mir sehr schwer, und ich kämpfte ständig gegen Übelkeit und Erbrechen. Während der ganzen Tortur war ich bei vollem Bewusstsein. Ich sah die besorgten Blicke der Ärzte, die an mein Bett auf der Intensivstation gerufen worden waren. Ich wusste, wie schlimm es um mich stand, und ich flehte fortwährend zu Gott um Erleichterung. Den Namen Jesus wiederholte ich immer und immer wieder, und ich verspürte seine Gegenwart.

Ich glaubte, sterben zu müssen, und hatte furchtbare Angst. Um mich selbst machte ich mir gar nicht so große Sorgen, aber ich wollte Carol nicht mit unseren beiden kleinen Töchtern Marci und Wendi alleinlassen. Ich bat Gott, mir meine Angst zu nehmen, aber sie verschwand nicht. Immer wieder beobachtete ich die Krankenhausuhr. Minuten wurden zu Stunden, und Stunden kamen mir wie Jahre vor. Dann gelangte ich an den Punkt, wo der Schmerz so groß wurde, dass ich nicht mehr leben wollte. Ich betete: »Nimm mich zu dir, Herr, und ich will dir vertrauen, dass du dich um meine Familie kümmerst.« Ich wollte wirklich sterben, aber die Nacht ging weiter. Ich versuchte, an die großen Heiligen zu denken, und erinnerte mich an Hiob. Seine Qualen hatten ziemlich lange gedauert, doch er hatte durchgehalten. Dann fiel mir Jeremia ein, der total am Ende gewesen war und trotzdem bezeugt hatte, dass der Herr ihm alles bedeutete. Schließlich dachte ich an den Apostel Paulus, der an die Gemeinde in Philippi Folgendes geschrieben hatte:

»… um ihn zu erkennen und die Kraft seiner Auferstehung und die Gemeinschaft seiner Leiden, indem ich seinem Tod gleichgestaltet werde …« (Philipper 3,10).

Plötzlich wurde mir klar: Hier bekommst du die Gelegenheit, Christus ganz anders als bisher kennenzulernen. Damit zog ein wunderbarer Friede in mein Herz ein. Jesus hatte wegen meiner Sünden gelitten. Und nun litt ich, weil jemand anders an mir schuldig geworden war. Es verband uns also etwas Gemeinsames. Das half mir, die Macht seiner Liebe, die seiner Größe noch eine weitere Dimension hinzufügte, ein Stück weit zu erkennen. Er litt freiwillig für mich, bevor ich ihn überhaupt lieben konnte. Es gab nur sehr wenige Leute, für die ich bereit gewesen wäre zu leiden. Das waren alles Menschen, die mir ihre Liebe bereits gezeigt hatten. Doch wie ganz anders war da Jesus. Wie viel besser, wie viel vollkommener!

Ich fügte mich in den Willen Jesu und spürte, wie er mir in diesen Stunden zur Seite stand.

Schließlich bat ich um ein Gespräch mit meiner Frau. Vielleicht war es ja die letzte Gelegenheit, mit ihr zu reden. Von Minute zu Minute wurde ich schwächer. Ich sagte ihr nur: »Ich liebe dich.« Und jetzt merkte auch sie, wie ernst es um mich stand, denn ich sage so etwas leider viel zu selten …

Gegen Morgen verspürte ich eine ziemliche Erleichterung, und ich wusste, dass ich weiterleben würde. Ich dankte Gott dafür.

Frau Dr. Westfall hielt es nicht für nötig, sich für ihre Vorgehensweise, die uns fast das Leben gekostet hätte, zu entschuldigen. Und doch konnte ich ihr leicht vergeben, weil ich in der Schreckensnacht einiges von Jesus gelernt hatte.

»Da wir nun gerechtfertigt worden sind aus Glauben, so haben wir Frieden mit Gott durch unseren Herrn Jesus Christus, durch den wir mittels des Glaubens auch den Zugang haben zu dieser Gnade, in der wir stehen, und rühmen uns in der Hoffnung der Herrlichkeit Gottes. Nicht allein aber das, sondern wir rühmen uns auch der Trübsale, da wir wissen, dass die Trübsal Ausharren bewirkt, das Ausharren aber Bewährung, die Bewährung aber Hoffnung; die Hoffnung aber beschämt nicht, denn die Liebe Gottes ist ausgegossen in unsere Herzen durch den Heiligen Geist, der uns gegeben worden ist« (Römer 5,1-5).

Das ist die Frohe Botschaft.

Mein bester Schimpanse

Charlie werde ich nie vergessen. Er war der liebenswerteste aller Schimpansen. Und er war der Anführer der Schimpansengruppe. Jeder, der ihn versorgen durfte, liebte ihn. Charlie war ein echter Friedensstifter.

Im Zoo von Los Angeles gab es eine Gruppe von acht Schimpansen. Sie hielten fest zusammen, denn ihr Führer ließ keinen Unsinn durchgehen. Charlie war immer damit beschäftigt, den Frieden in seiner Gruppe aufrechtzuerhalten, und das war keine einfache Aufgabe. Zu seinem Trupp gehörten Toto und Jeanie. Toto war beim Zirkus gewesen und machte ein Affentheater, wo immer er nur konnte. Oft pfiff und schrie er seine Käfig-Kumpanen an und ging allen schwer auf die Nerven. Er schlug seine Kameraden mit der flachen Hand auf den Rücken und machte sich dann aus dem Staub. Anschließend machte er furchterregende Grimassen und spielte sich auf, bis Charlie sich dazwischenschwang. Dieser war zwar etwas leichter als Toto, hatte sich aber seit Langem seine Führungsposition gesichert. Charlie stürzte sich auf Toto, hielt ihn unten und schrie ihn an. Toto gab sich unterwürfig, und Charlie ließ ihn los. Kurz darauf wiederholte Toto seine alten Tricks, aber Charlie war ihm nie böse. Er tat sein Bestes für Toto. Doch Toto war ein wirklich hoffnungsloser Fall.

Jeanie war auch nicht gerade ein Geschenk des Himmels. Sie war äußerst launisch und völlig unberechenbar. Doch Charlie behandelte seine »Untergebenen« alle ebenbürtig. Er war ein außergewöhnlicher Schimpanse, und wir alle freuten uns sehr über ihn.

Eines Tages wurde beschlossen, die Schimpansen-Unterkunft zu modernisieren. Die acht Schimpansen sollten vorübergehend im Gesundheitszentrum untergebracht werden, bis die Renovierungsarbeiten erledigt waren. Wir teilten die Gruppe auf zwei nebeneinanderliegende Käfige auf. Ich weiß nicht mehr, ob wir uns dabei viel gedacht hatten … jedenfalls endete unser Plan mit einer Katastrophe.

Toto und Jeanie steckten wir mit zwei jüngeren Schimpansen in einen Käfig, während Charlie mit der koketten Annie, der hübschen

Bonnie und der immer zärtlichen Judy zusammengetan wurde. Für Charlie hätte das der Himmel auf Erden sein können, doch leider ging alles ganz anders aus.

Ein Monat folgte dem anderen. Toto hatte ziemlich schnell herausbekommen, dass Charlie ihn vom Nachbarkäfig her nur noch anschreien konnte. Charlie tat, was er konnte, um die Gruppe von seinem Käfig aus zu dirigieren, aber seine Mühe blieb erfolglos. Er verlor etwas an Gewicht und zeigte Anzeichen einer Depression. Eines Morgens mussten wir feststellen, dass unser geliebtes Leittier in der Nacht gestorben war. Charlie war im Sitzen gestorben, gegen jene Käfigseite gelehnt, die Totos Gruppe am nächsten war.

Die Traurigkeit, die im Gesundheitszentrum herrschte, lässt sich nicht beschreiben. Wir fühlten uns, als ob wir einen guten Freund verloren hätten. Ja, Charlie war der beste Schimpanse, der mir je begegnet ist.

Bei der anschließenden pathologisch-anatomischen Untersuchung waren wir erschüttert. Die Diagnose: ein durchgebrochenes Magengeschwür! *Das* hatte also zu seinem Tod geführt … Dass er seine Familie nicht in Frieden halten konnte, hatte Charlie mehr zugesetzt, als er es uns zeigen konnte. Welch hoher Preis!

Die Tierärzte haben es ja besonders schwer: Ihre Patienten können ihnen nicht sagen, wo es wehtut. Darum können sie den Tieren auch oft nicht rechtzeitig helfen. Wir hätten alles getan, um Charlie zu retten, wenn er uns nur etwas mitgeteilt hätte.

Ein Vorteil, den wir gegenüber den Tieren haben, ist der, dass wir uns verständlich machen können, wenn wir Hilfe brauchen. Wir können zeigen, wo es wehtut. Wir können um Hilfe bitten.

Gottes Wort spricht davon, dass wir um das bitten dürfen, was uns fehlt.

»… euer Vater weiß, was ihr nötig habt, ehe ihr ihn bittet« (Matthäus 6,8).

»Bittet, und es wird euch gegeben werden; sucht, und ihr werdet finden; klopft an, und es wird euch aufgetan werden. Denn jeder Bittende empfängt, und der Suchende findet, und dem Anklopfenden wird

aufgetan werden. Oder welcher Mensch ist unter euch, der, wenn sein Sohn ihn um ein Brot bitten wird, ihm etwa einen Stein geben wird, oder auch, wenn er um einen Fisch bitten wird, ihm etwa eine Schlange geben wird? Wenn nun ihr, die ihr böse seid, euren Kindern gute Gaben zu geben wisst, wie viel mehr wird euer Vater, der in den Himmeln ist, denen Gutes geben, die ihn bitten!« (Matthäus 7,7-11).

»Und alles, was irgend ihr im Gebet glaubend erbittet, werdet ihr empfangen« (Matthäus 21,22).

Es ist unser Vorrecht, in allen Schwierigkeiten Gott um Hilfe bitten zu dürfen. Worum haben Sie zuletzt gebeten? Wir dürfen um Vergebung bitten, wenn wir schuldig geworden sind. Wir dürfen um Gaben bitten – Gaben wie Nächstenliebe, Geduld oder Weisheit, aber auch um Beistand für einen Freund. Gott gebietet uns zu beten. Es liegt in seiner Art, dass er uns helfen möchte. Er ist eben genau so, wie ein guter Vater sein sollte.

Der Bürgermeister kommt!

Jedes Mal, wenn es hieß: »Der Bürgermeister kommt!«, geriet ich in Panik. Nicht, weil ich etwa Angst hatte, ihm zu begegnen. Nein, das wäre ja sogar schön gewesen. Die Ankündigung bedeutete vielmehr, dass wir den ganzen Zoo auf Hochglanz bringen mussten – selbst jene Ecken, die wir gar nicht richtig kannten. Wir sollten aus unserem Zoo ein Schmuckstück für den Bürgermeister machen. Die große Show …

Einmal sollte ich hinter einem dunklen Stall in der finstersten Zoo-Ecke Baumaterial aufräumen. Doch da machte ich meinem Arger Luft: »Ich kann mir nicht vorstellen, dass der Bürgermeister ausgerechnet hinter den Schuppen da kriechen will. Reichen ihm die aufwendigen Räume im Besucherzentrum des Hauptzoos denn nicht aus?«

Mein Chef lächelte. »Richmond«, sagte er, »ich werde dafür bezahlt, dass ich denke, und du dafür, dass du arbeitest.«

Da hatte er ein wahres Wort gesprochen, denn ich hatte ihn noch nie richtig arbeiten gesehen! Darum erwiderte ich: »Keine Ahnung, was du verdienst, aber für das, was du tust, bist du restlos überbezahlt.«

Er lächelte wieder und deutete mit der Hand auf den Stall, wo ich weiterschuften sollte. Wir schaufelten, schafften, schrubbten und scheuerten, bis jede Abteilung und jeder Bereich in quasi jungfräulichem Glanz erstrahlten. Und dann warteten wir … und warteten … und warteten. Schließlich kam der Feierabend, und wir konnten alle erschöpft und ein wenig verärgert nach Hause gehen.

Es war jedes Mal dasselbe. Ich kann mich an wenigstens zehn solcher Anlässe erinnern: Der Bürgermeister wurde angekündigt – und erschien dann trotzdem nicht. Eines Tages tauchte er allerdings vor dem Zoo auf, um sich für die Presse mit 15 Kindern aus taiwanesischen Einwandererfamilien fotografieren zu lassen, die in einem Bus extra dafür angekarrt worden waren. Er hielt eine kleine Rede über seine persönliche Verantwortung für diesen herrlichen Zoo. Dann gab er einem Kind einen Kuss, verlängerte den Kuss, bis alle Blitzlichtbirnen schwarz wurden, und rauschte dann wieder davon. Den

Aufwand, der für ihn getrieben worden war, nahm er wohl überhaupt nicht wahr.

Ich erkundigte mich nach den möglichen Gründen, warum er nie in den Zoo kam, und erfuhr, dass er ihn doch einmal besucht hatte. Verwundert fragte ich, welches Naturwunder ihn wohl angelockt habe. Mark, einer unserer Witzbolde, antwortete: »Er muss die Kameras gewittert haben.«

»Ja, das stimmt«, pflichtete ihm ein anderer Pfleger bei. »Er kam, weil die Breitmaulnashörner Sonny und Cher zum ersten Mal ins Freie gelassen wurden. Zunächst ließ er alle warten und traf dann endlich ein. Daraufhin brauchte er zehn Minuten, um den günstigsten Platz zu finden, damit er richtig ins Bild kam, wenn die Nashörner einmarschierten. Der Bürgermeister und sein Gefolge kletterten durch Wildrosen und knöcheltiefes Efeu, damit sie genau hinter dem Auslauf auf einer Anhöhe standen. Und tatsächlich, das war die günstigste Stelle für die Fernsehkameras. Der Bürgermeister gab dem Wärter ein Zeichen, die Breitmaulnashörner kamen heraus, und die Kameras surrten. Sonny schnaubte und stampfte gewaltig. Ihm folgte seine kesse Gattin Cher. Die Menge applaudierte. Wie eingeübt, hielten die Nashörner direkt unterhalb des Bürgermeisters an und betrachteten sich ihr Publikum. Besser hätte er es vorher gar nicht planen können. Eine wichtige Sache jedoch hatte er außer Acht gelassen.«

»Und das war?«, fragte ich gespannt.

»Die automatische Rasensprengeranlage«, sagte der Pfleger und lachte laut los. »Die Dinger drehten voll auf und beregneten das gesamte Fernsehteam. Die Würdenträger flüchteten in alle Richtungen. Sie waren klatschnass. Es war einfach großartig!«

»Und der Bürgermeister?«, fragte ich.

»Er verschwand auch schleunigst. Er soll ganz aufgelöst gewesen sein. Seitdem kommt er nicht mehr in den Zoo, glaube ich. Wahrscheinlich ist er immer noch sauer.«

Die Geschichte entschädigte uns, meiner Meinung nach, für alle Extraarbeit seinetwegen.

Ich will fair sein: Wir fürchteten diese Bürgermeisterbesuche wegen der zusätzlichen Arbeit. Vielleicht hätten wir uns sogar über sein Kommen freuen können, wenn wir sonst nicht so nachlässig gewesen wären. Warum hatten wir auch immer das ganze alte Zeug angesammelt? Dafür gab es eigentlich gar keinen Grund.

Jeder von uns weiß, dass eines Tages ein König kommen wird. Ich meine damit die Wiederkunft des Herrn Jesus Christus. Es gibt Leute, die haben törichterweise versucht, das Datum auszurechnen, obwohl die Bibel sagt, dass niemand die Zeit seines Erscheinens weiß. Er wird ganz unerwartet kommen, »wie ein Dieb in der Nacht«. Und er wird uns sehr sorgfältig prüfen. Immer und immer wieder werden wir in der Bibel nachdrücklich darauf hingewiesen, uns bereitzuhalten und auf sein Kommen vorzubereiten.

»... fortan liegt mir bereit die Krone der Gerechtigkeit, die der Herr, der gerechte Richter, mir zur Vergeltung geben wird an jenem Tag; nicht allein aber mir, sondern auch allen, die seine Erscheinung lieben« (2. Timotheus 4,8).

Der Ausdruck »die seine Erscheinung lieben« hat mich schon immer berührt. Er meint all jene, die bereit sind, Jesus Christus nachzufolgen. Menschen, die Abfall und Schrott in ihrem Leben angehäuft haben, fürchten den Gedanken an sein Kommen. Wie sieht das bei uns aus? Sind wir auf dem Laufenden? Oder muss erst noch ordentlich sauber gemacht werden?

Das habe ich nicht gewusst

Die Ankunft eines neuen Nashorns im Zoo von Los Angeles wurde mir zu einer meiner bedeutendsten geistlichen Erfahrungen. Ich will Ihnen auch sagen, weshalb.

Ein Ziel der zoologischen Gärten in der heutigen Zeit ist die Aufzucht von Tieren, insbesondere die von seltenen Arten. Dieses Ziel ließ sich mit unserem Spitzmaulnashorn nicht verwirklichen, denn wir hatten nur einen einzigen Bullen, den Arthur. Arthur – unser König Arthur! – war ein junger, robuster, temperamentvoller und munterer Bulle. Aber er brauchte dringend eine Gefährtin. Diesem Wunsch kamen wir großzügig nach und kauften Lady Twinkle Toes – eine dunkelhäutige, ausgefallene Schönheit, die ihren Nashorncharme regelrecht versprühte.

Die Kiste, in der sie anreiste, war so groß, dass sie auf einem Tieflader bis zur Absperrung des Nashorngeheges transportiert werden musste. Dort stand ein Kran extra für ihre Ankunft bereit. Er war so groß, dass er mit der Kiste über die Bäume und die Absperrung hinwegschwenken konnte, um sie innerhalb des Geheges abzuladen. Als unsere Nashorndame ankam, war sie natürlich sehr aufgeregt. Nach dem Anlegen des Schiffes war sie bereits in ihrer Kiste verladen, auf einen Tieflader gehoben und ungefähr 65 Kilometer über das Schnellstraßennetz von Los Angeles bis vor unseren Zoo transportiert worden – und das alles an *einem* Tag. Die verschiedenen Gerüche, Geräusche und Gestalten hatten bei diesem außerordentlich sensiblen und ängstlichen Tier ihre Spuren hinterlassen. Es fühlte sich in seiner Kiste zunehmend eingeengt und wollte nur noch eines: Raus! Und das SOFORT!

Woher wir das wussten? Lady Twinkle Toes rammte immer wieder die Tür ihres massiven Verschlags. Wir hörten es krachen und sahen Splitter an den Scharnieren. »Beeilt euch mit den Stahlkabeln!«, kommandierte jemand. In großer Eile wurden die Kabel zusammengeschraubt und an dem riesigen Haken am Ende des Krankabels befestigt. »Abheben!« Die Kiste hob sich unter Hurra-Rufen empor. Der Dieselmotor des Hebekrans tuckerte gewaltig. Rauchwolken drangen aus dem Motor, der offensichtlich Verstärkung brauchte. In ihrem Verschlag hatte Lady Twinkle Toes längst die Stressgrenze erreicht. Panik hatte sie ergriffen. Sie war der Meinung, ihr Leben stünde auf dem Spiel. Würde sie das durchhalten? Etwa fünf Meter über dem Erdboden begann die Kiste verdächtig zu schwanken. Vierkanthölzer bogen sich, krachten auseinander und fielen zu Boden. Dann zerbarst die Tür vor unseren Augen. Der Kranführer lenkte die Kiste so schnell wie möglich wieder in Position, während das Nashorn mit unglaublicher Kraft die Überreste der Tür aus den Angeln stieß.

Wir waren entsetzt! Wenn Lady Twinkle Toes versuchte, aus solch einer Höhe abzuspringen, würde sie von ihrem eigenen Gewicht zerschmettert werden. Nashörner können nur sehr schlecht sehen. Twinkle Toes starrte nach unten, doch konnte sie weder durch Intelligenz noch durch einen Blick ihre Lage wirklich abschätzen. Sie zitterte vor lauter Panik. In ihren Augen standen Tränen. Drei Meter, zwei Meter fünfzig, zwei Meter, ein Meter fünfzig. Noch eineinviertel Meter über der Erde! Lady Twinkle Toes wählte die Freiheit. Sie klatschte mit einem ekligen Plumps auf den Asphalt. Würde sie aufstehen können? Wir warteten atemlos, mit zusammengebissenen Zähnen. Twinkle Toes strampelte – und kämpfte sich schließlich erfolgreich hoch. Ihr Körper zitterte heftig vor Angst; eine Angst, die gleichzeitig Wut und Aggression erzeugt. Sie bemerkte einen großen Stein, der für sie durch ihren tränenverhüllten Blick wie ein Mensch oder wie ein Tier aussah. Twinkle Toes rannte dagegen. Aber der Stein bewegte sich nur ein wenig, und sie fiel auf die Knie. Als sie wieder auf ihren Füßen stand, entdeckte sie erneut einen Stein und griff ihn ebenfalls an. Wieder stürzte sie auf die Knie. Dieses Mal stand sie schon langsamer auf.

Dann passierte etwas Ungewöhnliches. Ihr ganzer Körper leuchtete rot in der Morgensonne. Aus allen Poren ihres gewaltigen Leibes schien sie große Blutstropfen zu schwitzen!

Ich wandte mich an den Tierarzt und rief: »Doktor, was passiert da? So etwas habe ich ja noch nie gesehen!«

»Dieses Tier hat sein Höchstmaß an Stress erreicht«, erklärte er mir. »Bei Nashörnern, Nilpferden und Elefanten können unter so hohem Stress die Kapillaren am ganzen Körper platzen. Mehr kann Twinkle Toes jetzt nicht ertragen. Sie ist in Lebensgefahr.«

Wir alle waren froh, als sie ihr entsetzliches Schauspiel aus Furcht und Wut einstellte und sich langsam beruhigte. Die Worte eines anderen Arztes, des geliebten »Dr. Lukas«, fielen mir dabei ein:

»Und als er [Jesus] in ringendem Kampf war, betete er heftiger. Und sein Schweiß wurde wie große Blutstropfen, die auf die Erde herabfielen« (Lukas 22,44).

Ich betete: »Herr, das habe ich nicht gewusst. Ich hätte mir nie träumen lassen, dass du unter einer solchen Anspannung gestanden hast. Wie eingeengt musst du dich gefühlt haben! Wie allein! Du kannst wirklich verstehen, was ich empfinde.«

Der Herr will uns durch dieses Ereignis zwei Wahrheiten lehren. In Zeiten großer Anfechtung ist es gut, Freunde zu Hilfe zu rufen; aber wenn sie nicht kommen können, reicht Gottes Nähe in jeder Beziehung aus. Er wird uns durchbringen. Jesus lädt alle ein, die unter großer Anspannung stehen:

»Kommt her zu mir, alle ihr Mühseligen und Beladenen, und ich werde euch Ruhe geben. Nehmt auf euch mein Joch und lernt von mir, denn ich bin sanftmütig und von Herzen demütig, und ihr werdet Ruhe finden für eure Seelen; denn mein Joch ist sanft, und meine Last ist leicht« (Matthäus 11,28-30).

Stehen Sie unter Stress? Verspüren Sie eine große Anspannung? Sprechen Sie mit Ihrem »Anwalt«! Jesus versteht Sie.

PS: König Arthur und Lady Twinkle Toes haben ihre Sache gut gemacht. Nach der Ankunft der Nashorndame konnte sich der Zoo innerhalb von 20 Jahren sechsmal über gesunden Nachwuchs freuen.

Jeder ist für etwas gut

Ich muss gestehen, ich habe eine äußerst schlechte Charaktereigenschaft, und zwar Schadenfreude. Es macht mir ungeheuren Spaß, wenn Angeber sich lächerlich machen. Das muss ich einfach mal gestehen, um mein Gewissen zu erleichtern. Diese Eigenschaft ist nicht gerade christlich *(»›Mein ist die Rache …‹, spricht der Herr«)*; ich gebe sie auch nur sehr ungern zu, aber es ist nun einmal so. Dazu möchte ich Ihnen eine Geschichte erzählen, die vielleicht am besten wiedergibt, welche Ausmaße meine Schadenfreude annehmen kann.

Anfang der 1970er-Jahre stellte der Zoo von Los Angeles eine neue Kuratorin für die Säugetiere ein. Sie besaß keinerlei Erfahrung mit Zoos und hatte bis dahin nie mit Säugetieren gearbeitet. Allerdings hatte sie einen hohen akademischen Grad erworben, und irgendjemand in der Personalabteilung war der Meinung gewesen, dies reiche vollkommen aus. Ihre Doktorarbeit handelte von Reptilien und Amphibien. Das Thema der Dissertation lautete: »Wie beeinflusste die Umgebung von Mittelamerika die Evolution der Frösche?« Bestimmt war diese Frau akademisch hochgebildet, doch sie wurde dadurch für die Tierpfleger größtenteils zur Außenseiterin.

Bereits mein erster Kontakt mit ihr war sehr aufschlussreich. Sie stürmte in die Tierklinik und befahl mir: »Öffnen Sie mir diesen Käfig und halten Sie den Schimpansen! Ich will mir seine Ohrmarke ansehen.« Sie zeigte auf Toto. Toto war früher mal in einem Zirkus gewesen und dort zum Psychopathen geworden. Trotz seiner bescheidenen 68 Kilogramm war er viel stärker als ich und hätte sich eine solche Behandlung nie gefallen lassen. Ich gab der Kuratorin eine Chance und fragte zweifelnd: »Machen Sie etwa einen Scherz?«

»Nein, ganz und gar nicht!«, zischte sie.

»Frau Doktor, der Schimpanse lässt sich nicht einmal von zehn Männern halten. Aber wenn Sie zehn Freiwillige finden, öffne ich die Tür gern.«

Sie stürmte wütend davon …

Unsere neue Kuratorin kam häufig in die Tierklinik, denn sie hatte sich mit meinem Chef, dem Tierarzt, angefreundet. Sie gab ihm zu verstehen, dass sie nur in seiner Nähe die ihr gebührende intellektuelle Stimulanz für diesen Zoo bekommen konnte. Ich weiß nicht, woher das kam, aber sobald sie bei uns auftauchte, fühlte ich mich wie Quasimodo im Film *Der Glöckner von Notre-Dame* oder wie Igor, der bucklige Gehilfe des Dr. Frankenstein. Auch der Tierarzt benahm sich mir gegenüber anders, wenn sie anwesend war. Ich fühlte mich dann wie der letzte Dreck und keineswegs wie seine rechte Hand. Aus diesem Grund verschwand ich immer möglichst schnell, sobald sie aufkreuzte.

Eines Tages erhielt sie den Auftrag, einen mittelgroßen Schwarzbären zu verschicken, der für den Pariser Zoo bestimmt war. Das war ihr erster größerer Auftrag. Zu diesem Zweck entwarf sie eine Versandkiste und übermittelte den Leuten im Bauhof die Konstruktionsdaten. Bei einem meiner Besuche sah ich dort die fast fertige Kiste und fragte behutsam, wofür sie denn gedacht sei. Sie war für den Bären und dessen Reise nach Paris bestimmt. Die Kiste bestand aus zweieinhalb Zentimeter dicken Sperrholzleisten und war mit dünnem Aluminium ausgelegt. »Darin verlässt der Bär unseren Flughafen nie und nimmer!«, sagte ich zu dem Schreiner. »Die habe ich genau nach Maß gebaut; die Kuratorin hat die Zeichnung dazu gemacht«, erwiderte dieser. Im Laufe des Tages traf ich unsere Reptilienforscherin und sagte in einem Anflug von Hilfsbereitschaft: »Frau Doktor, die Kiste, die nach Ihren Angaben gebaut wurde, wird unseren Flughafen nie verlassen. Der Bär reißt den Verschlag vorher in tausend Stücke.«

Sie schaute mich wie einen dummen Jungen an und sagte: »Ich habe meine Zeichnung einem Buch einer weltweit tätigen Organisation entnommen, die sich für den Schutz von Bären einsetzt, und ich bin überzeugt, dass die Kiste vollkommen ausreicht. Vielen Dank!«

»Ich bin aber sicher, Frau Doktor, der Bär hat das Buch nie gelesen; und selbst wenn er es gelesen hätte, würde er diese Kiste trotzdem auffressen.«

Wieder ging sie im Sturmschritt auf und davon …

Der Abreisetag kam. Wir betäubten den Bären und steckten ihn in die Kiste. Argwöhnisch schauten wir dem Lkw nach, der unseren Bären zum Flughafen bringen sollte. Vorsichtshalber hatte ich das Betäubungs-Instrumentarium im Lastwagen gelassen, denn ich wurde das Gefühl nicht los, dass ich recht behalten sollte und noch gebraucht würde …

Der Wagen war um zehn Uhr morgens losgefahren und kam ohne den Bären gegen Mittag zurück. Der Wärter war so lange am Flughafen geblieben, bis er sah, dass der Bär nach der Betäubung wach wurde. Ich kombinierte: Wenn wir jetzt tatsächlich noch gerufen werden sollten, musste es vor 13 Uhr sein. Das war die Abflugzeit für die Luftfracht. Doch ich hatte mich leicht vertan. Um 13.05 Uhr klingelte das Telefon. Eine wütende, ärgerliche und verängstigte Stimme verlangte, dass sofort jemand zum Flughafen kommen sollte! Der Bär war offenbar dabei, sich durch die Kiste zu fressen. Ich schnappte mir einen Assistenten, sprang in den Lkw und kam nach knapp 40 Minuten am Flughafen an.

Der Luftfracht-Terminal war vollständig gesperrt; jegliche Arbeit ruhte. Doch da fuchtelte ein Mann heftig mit den Armen. Er hatte unseren Zoo-Lkw erspäht. Seine einzigen Worte waren: »Schnell! Schnell!« Ich griff zum Betäubungsbesteck und folgte dem Mann durch eine Seitentür. Sie führte in ein Büro, wo zehn Männer durch ein kleines Fensterchen sahen. Sie blickten wie gebannt auf einen einsamen Gepäckwagen in der Mitte des massiven Luftfracht-Gebäudes. Im Dämmerlicht der Halle schwankte der Wagen vor und zurück. Beim genaueren Hinsehen erkannte ich unseren Bären. Ein Bein und eine Schulter hingen schon aus der Kiste. Er nagte kleine Stücke aus dem Holzverschlag und spuckte sie auf den Gepäckwagen. In zehn Minuten würde er sich befreit haben. Ich zog eine Spritze mit einer angemessenen Dosis Phencyclidin-Hydrochlorid (ein Beruhigungsmittel) auf, ging in den Terminal und kletterte auf den Gepäckwagen. Der Bär – es war kein bösartiges Tier – schaute mich an, als ob er sagen wollte: »Kannst du mir helfen, Junge, dass ich hier herauskomme?« Ich spritzte ihm das Mittel kurz und schmerzlos in die Schulter; er gab nicht einen Ton von sich. Schnell schlief er ein. Die

Luftfracht-Arbeiter klatschten Beifall. Nach einem flüchtigen Blick auf diese Kreatur, die ihre Welt für einige Stunden zum Stillstand gebracht hatte, kehrten sie mit erheblicher Verspätung zu ihrer Arbeit zurück.

Wir luden den Bären samt der demolierten Kiste auf den Lastwagen und kehrten zum Zoo zurück. Als wir ankamen, trafen wir die Kuratorin und eine Reihe Wärter, die laut über den Vorfall lachten. Der Bär wurde wieder in seine Höhle gebracht, während die Kuratorin an dem zersplitterten Sperrholz und dem verbogenen Aluminium herumnestelte. Unsere Blicke trafen sich kurz. Ich hoffte, sie würde etwas sagen – irgendetwas, was mir in ihrer Nähe ein gutes Gefühl geben könnte. Doch wieder stürmte sie wortlos davon. Aber in der nächsten Kiste, die sie bauen ließ, hätte man einen Elefanten verschicken können! Immerhin ein Fortschritt …

Es ist mir nie gelungen, mich in der Gesellschaft der Kuratorin wohlzufühlen. Nach diesem Vorfall war ich – vielleicht gerade aus diesem Grund – ziemlich schadenfroh. Und doch lernte ich etwas von dieser Frau. Mein Schwiegervater drückte es so aus: »Für irgendetwas ist jeder nütze, und wenn er dir auch nur als ein schlechtes Beispiel dient.« Außerdem erlebte ich wieder einmal, wie niederträchtig es ist, Menschen wie Dreck zu behandeln, sodass sie sich klein und minderwertig vorkommen.

C.S. Lewis schreibt in *Pardon, ich bin Christ*: »In Gott stoßen wir auf etwas, das uns Menschen in jeder Hinsicht haushoch überlegen ist. Nur wenn man diese Wahrheit akzeptiert und seine eigene Nichtigkeit Gott gegenüber erkennt, weiß man, was Gott ist. Solange man in seinem Hochmut verharrt, kann man Gottes Wesen nicht erkennen. Der Hochmütige blickt auf Menschen und Dinge herab; solange er das tut, entgeht ihm das, was über ihm ist. […]

Glücklicherweise aber gibt es einen Kompass, der uns warnt, wenn wir vom rechten Weg abkommen. Wenn wir z.B. das Gefühl haben, unsere Frömmigkeit mache uns zu guten Menschen, nein, zu besseren Menschen, als es die anderen sind, so können wir sicher sein, dass hinter diesem Gefühl nicht Gott, sondern der Teufel steckt.

Wenn wir unser Leben wirklich auf Gott ausrichten, hören wir auf, uns selber so schrecklich wichtig zu nehmen. Wir sind dann durchdrungen von unserer eigenen Nichtigkeit. Das Beste aber ist es, überhaupt nicht an sich selbst zu denken.«[3]

Ist es nicht schön, dass Jesus die Person nicht ansieht?

»… alle haben gesündigt und erreichen nicht die Herrlichkeit Gottes …« (Römer 3,23).

»Der Herr zögert die Verheißung nicht hinaus, wie es einige für ein Hinauszögern halten, sondern er ist langmütig euch gegenüber, da er nicht will, dass irgendwelche verlorengehen, sondern dass alle zur Buße kommen« (2. Petrus 3,9).

---

3 Zitiert aus: *Pardon, ich bin Christ*, Basel: Brunnen Verlag, 1. Taschenbuchauflage April 1982, S. 99-100.

Eine eigenwillige alte Dame

Unter den Zoowärtern in Los Angeles gab es ein geflügeltes Wort: »Der Zoo wäre ein großartiger Arbeitsplatz, wenn man die Besucher draußen ließe.« Wie zu allen geflügelten Worten gibt es auch hierzu eine Hintergrundgeschichte. Und diese will ich Ihnen erzählen.

Man möchte meinen, dass ältere Bürger sich im Zoo zu benehmen wissen. Normalerweise sind sie ja auch unsere beliebtesten Besucher. Allerdings unternahm eine kleine, alte Dame eine Mission der Barmherzigkeit, die mehr Aufregung verursachte, als je ein einzelner Besucher in der ganzen Zoogeschichte angerichtet hat. Eigentlich sah sie völlig harmlos aus. Sie trug ein fadenscheiniges, schwarzes Kleid unter einem knöchellangen, schwarzen Wollmantel und auf dem Kopf einen breitrandigen, schwarzen Hut mit einer Seidenrose, über die zuvor ein Autobus gerollt sein musste. Irgendwie gelang es der Dame, die Kontrolle am Eingang mit ihren zwei Einkaufstaschen zu passieren. Sie waren vollgestopft mit Gummibällen in allen erdenklichen Formen, Farben und Größen.

Die alte Dame besuchte den Zoo regelmäßig und war offensichtlich zu dem Schluss gekommen, dass die Tiere sich schrecklich langweilen mussten. Mit der tiefsten Überzeugung, den Tieren etwas Gutes zu tun, schleppte sie zwei Taschen voller Aufheiterung und Unterhaltung an. So dachte sie jedenfalls …

Einen ersten Ball warf sie in das Seelöwen-Becken. Ich bin sicher, sie fühlte sich voll bestätigt, als das verspielteste Zootier den Ball vor und zurück stieß. Sie warf einige Bälle ins Bärengehege, und die Bären fraßen die Dinger sofort auf. Dasselbe taten auch die Affen. Woher wir das wissen? Weil wir unverdauten Gummi in den Exkrementen wiederfanden!

Viele Tiere ignorierten die Bälle einfach, nicht aber unsere schwarzmähnige Löwin. Der Ball flog in ihr Terrain – ein dunkelblauer Ball aus sehr hartem Material. Das Löwenweibchen biss derart fest darauf, dass der Ball auf ihrem furchterregenden rechten Eckzahn stecken blieb. Kein noch so fester Prankenhieb vermochte den Ball zu lösen. Die Löwin wurde ganz unruhig. Sie rieb ihren Kopf auf dem Boden und hoffte, den Ball auf diese Weise loszuwerden. Ihr Maul blutete schon, und sie sonderte übermäßig Speichel ab. Der Wärter sah, dass sein Tier Hilfe brauchte. Er rief im Gesundheitszentrum an und bat uns, sofort zu kommen; seine Löwin sei in Schwierigkeiten.

Dr. Bradford hatte gerade Dienst. Er war noch ganz neu und hatte eben erst die Hochschule abgeschlossen. Mit Löwen hatte er noch nie gearbeitet. Bei unserer Ankunft sahen wir, dass der Wärter die Löwin schon in ihr Nachtquartier befördert hatte. Dr. Bradford lehnte sich gegen die Gitterstäbe. Er wollte sich das Problem genauer ansehen. Doch leider konnte die Löwin Menschen überhaupt nicht ausstehen und duldete niemals, dass jemand ihren Käfig auch nur berührte.

Ich wusste das und wollte den Arzt schnell zurückziehen, aber – zu spät. Die Löwin sprang auf ihn zu und brüllte los. Nun ist Löwengebrüll zwar immer sehr eindrucksvoll, aber in einem kleinen, abgeschlossenen Gebäude ist es schon ein größeres Ereignis. Es ging uns durch Mark und Bein, und wir waren wie gelähmt vor Schreck, obwohl wir ja damit gerechnet hatten. Einzig unser junger Tierarzt, der vor Schreck in Ohnmacht fiel, war darauf völlig unvorbereitet gewesen. Einige Sekunden lag er flach. Als er wieder zu sich kam, murmelte er ein paar Kraftausdrücke vor sich hin, die ich wegen der Kinder, die diese Geschichte vielleicht lesen, nicht wiedergeben möchte. Der Sinn seiner Worte war, dass er von nun an Löwen ernst nehmen würde …

Ich glaube, es machte ihm Spaß, der Löwin anschließend mit der Betäubungspistole in den Hintern zu schießen. Noch lieber hätte er bestimmt der kleinen alten Dame einen Schuss versetzt, aber die sahen wir nie wieder. Sie rief uns am nächsten Tag an und wollte hören, ob die Tierchen sich über die Gummibälle gefreut hatten. Als wir ihr schilderten, wie wir den Gummiball mit der Metallsäge aus dem Maul der betäubten Löwin entfernen mussten, legte sie empört auf.

Ich glaube, unter allen von uns bestand die einhellige Meinung, dass ihre Motive edel waren. Allerdings macht sie uns eine menschliche Eigenart deutlich: Sie tat aus einem guten Motiv heraus etwas eindeutig Schlechtes. Sie war sich hundertprozentig sicher, aber sie lag hundertprozentig falsch. Die Wirkung war dieselbe, als ob sie aus einem *bösen* Motiv heraus etwas Böses getan hätte. Mit einer bösen Absicht hätte sie der Löwin durchaus nicht noch mehr schaden können.

Diese Frau handelte eigenmächtig. Das war das Problem. Sie hatte gar kein Recht dazu. Sie nahm die Sache in ihre eigene Hand.

So entstehen auch bei uns die größten Konflikte: Wenn wir die Dinge selbst in die Hand nehmen und ohne Gottes Erlaubnis handeln. Die edle Absicht allein ist nicht ausschlaggebend. Dazu passt auch ein altes Sprichwort: »Der Weg zur Hölle ist mit guten Vorsätzen gepflastert.«

Einer meiner Lieblingsfilme ist *Meine Lieder – meine Träume*. Ich freue mich immer auf die Stelle, wo Maria von der Oberschwester gefragt wird, was denn das Wichtigste von all den Dingen sei, die sie inzwischen gelernt habe. Maria antwortet demütig: »Gottes Willen herauszufinden und anschließend auch zu tun.« Gott hat uns sein Wort als Licht für unseren Weg gegeben. Sein Wille ist nicht verborgen. Und sein Wort ist so klar, dass wir richtig handeln können.

Der Psalmist schrieb:

»In meinem Herzen habe ich dein Wort verwahrt, damit ich nicht gegen dich sündige« (Psalm 119,11).

Der Psalmist hatte erlebt, was dabei herauskommt, wenn man Dinge selbst in die Hand nimmt – und er lernte daraus.

Unreif und unerfahren

Es gibt zwei Arten von Schimpansen: Die einen sind ständig auf Achse, die anderen sind eher träge. In unserem Zoo gab es sowohl aktive als auch passive Affen, und beide Gruppen verursachten eine Menge Schwierigkeiten.

Schimpansen in Zoos langweilen sich total. Sie haben in der Tat nicht genug zu tun, und darum sind sie meist auch wahnsinnig froh, wenn irgendetwas Besonderes geschieht.

Ihre Hauptbeschäftigung ist Warten. Sie warten morgens, dass sie herausgelassen werden. Sie warten tagsüber, dass sie genug zu fressen bekommen. Sie warten abends, dass sie ins Nachtquartier gelassen werden, wo sie sich mit Futter vollstopfen können. Dann schlafen sie wieder bis zum Morgen. Sie beobachten die Menschen, die ihrerseits die Affen beobachten. Manchmal bewerfen sie Zoobesucher sogar mit Abfällen. Sie kämpfen ein wenig oder spielen ein bisschen – aber meistens warten sie.

Deshalb war es nicht überraschend, dass die Schimpansen an dem Tag, an dem ihnen eine Gelegenheit zur Abwechslung geboten wurde, diese sofort ergriffen. Einer der Zoobesucher hatte nämlich bemerkt, dass vor dem Schimpansen-Auslauf ein 15 Meter langer Gartenschlauch fein säuberlich aufgerollt war. Vermutlich hatte der Mann sich gedacht: »Mensch, wenn du diesen Schlauch über den Affenkäfig wirfst, gibt das eine prima Fluchtleiter für die Schimpansen.« Gedacht – getan.

Der Mann hat sich bestimmt keine Gedanken darüber gemacht, was für eine gefährliche Situation er damit für das Publikum heraufbeschwor. Die meisten unserer Schimpansen sind neurotisch. Außerhalb ihres Bereichs können sie sehr aufgeregt sein. Ein erwachsener Schimpanse ist vier- bis sechsmal so stark wie ein Mann. Und einige der Affen konnten zeitweise ohne ersichtlichen Grund ganz schön aggressiv werden.

Während die Schimpansen ausbrachen, zählte ich nichts ahnend die Minuten bis zum Feierabend. Normalerweise tat ich das zwar nicht, aber jener Tag war kein normaler Tag. Es war der 19. Juni, mein siebter Hochzeitstag. Meine Frau Carol hatte sich sicher schon hübsch gemacht. Ich dachte an Rippchen und gebratene Kartoffeln, und das Wasser lief mir im Mund zusammen. Da, das Telefon! Mein erster Gedanke war: ›Dein Fest kannst du vorerst mal vergessen!‹

Und genau so war's. Ein Sicherheitsbeamter informierte uns seelenruhig, dass acht Schimpansen ausgebrochen seien und sich unters Publikum gemischt hätten. Wir schnappten unsere Fangausrüstung und stürmten zum Affengehege.

Am Schimpansenhaus wurden wir Zeugen einer höchst gefährlichen Situation. Jeanie, eine völlig unberechenbare und manchmal sehr aggressive Affendame, hockte auf einem Kinderwagen. Ihr Maul war weit geöffnet, und ihre todbringenden Zähne ruhten auf dem Schädel eines drei Monate alten Mädchens. Jeanie zeigte keinerlei Aggression, aber das konnte sich in den nächsten zwei Sekunden völlig ändern. Ich bedeutete unserem Tierarzt, nichts zu unternehmen, bis Jeanie von dem Baby abließe. Einige andere Schimpansen hatten mich inzwischen an meiner Uniform erkannt und fingen an zu schreien. Jeanie schaute sich um, sah uns und ergriff die Flucht. Alle Schimpansen wussten, dass wir eine Betäubungspistole hatten. Darum machten sie sich auf und davon. Den Zoobesuchern rief ich zu: »Diese Schimpansen sind sehr gefährlich. Verlassen Sie das Gebiet! Es ist zu Ihrer eigenen Sicherheit!« Wir wollten erst mit dem Einfangen beginnen, wenn die Besucher außer Sichtweite waren.

Endlich konnten wir die Betäubungspistole ziehen. Da passierte etwas Drolliges. Toto, unser ältester und größter Schimpansenmann, führte drei seiner Frauen zurück zum Schlauch und kletterte mit ihnen in den Käfig. Dann kuschelten sie sich eng aneinander und klopften sich gegenseitig auf den Rücken. Das machen Schimpansen, wenn sie sich gegenseitig trösten wollen oder wenn sie sehr aufgebracht sind.

Andere Wärter gesellten sich zu uns. Zwei Schimpansenbabys erkannten sie und kletterten ihnen auf den Arm. Sie hatten die Angst ihrer Eltern verspürt und waren ganz aufgewühlt. Die Wärter trugen sie nach hinten in den Auslauf, wo sie sich schnell wieder beruhigten.

Nur zwei Schimpansenweibchen rebellierten: die unberechenbare Jeanie und die schwierige Antoinette, die wir liebevoll »Annie« nannten. Sie kletterten auf der Sicherheitsabsperrung entlang und drangen weit ins Gelände zwischen ihrem eigenen Terrain und dem des Indischen Nashorns vor. Hermann, das Indische Nashorn, war außer sich vor Wut. Es sprang vor, schlug aus und grunzte sogar leicht in der Hoffnung, einem Schimpansen einen ordentlichen Stoß versetzen zu können.

Der Wildwuchs zwischen den beiden Absperrungen war sehr dicht und nur schwer zugänglich. Dort wuchsen Wildrosen und Efeu wild durcheinander.

Wir suchten eine Stelle, von wo aus wir zuerst Jeanie einen Betäubungsschuss verpassen konnten. Wir hofften, dass Annie dann mit uns umkehren und in ihre Behausung zurückklettern würde. Dr. Bradford fühlte sich – als besser Besoldeter – verpflichtet, den riskanten Schuss auf den verärgerten Schimpansen auszuführen. Ich stimmte ihm zu. Er stieg mit dem Gewehr über die Sicherheitsabsperrung, und ich folgte ihm mit der Pistole. Falls der erste Schuss danebenging, sollte der zweite mit der Pistole abgefeuert werden. Wir bogen die wilden Rosen zur Seite und entdeckten unsere beiden Ausbrecherinnen. Sie hockten im Schatten beieinander und gaben ihrem Missfallen über unsere Gegenwart durch lautes Geschrei Ausdruck. Dr. Bradford zielte vorsichtig. Ein Betäubungsschuss zischte durch die Luft, und zwar genau in das beachtliche Hinterteil der Schimpansenfrau.

Jeanie reagierte sofort – aber nicht so, wie wir gehofft hatten. Sie wurde wütend und schrie. Dabei bleckte sie die Zähne von einem Ohr zum anderen.

Ich wusste, dass sie sich aus dem Staub machen würde, sobald sie eine Pistole erspähte. Dr. Bradford wusste das nicht und stürmte vor. Hochgewachsen, wie er war, rannte er mich in seiner Aufregung über den Haufen. Die Pistole flog mir aus der Hand. Er stolperte über mich und drohte in das Nashorn-Terrain zu fallen. Hermann, wütender denn je, versuchte eifrig, den Arzt aufs Horn zu nehmen. Ich schnappte mir ein Bein des Arztes und hielt es mit aller Kraft fest.

Wir mussten damit rechnen, dass Jeanie uns jeden Moment angreifen würde. Darum machte ich die Augen zu und konzentrierte mich nur darauf, den Arzt aus dem Nashorn-Terrain herauszuhalten. Jeanie musste wohl die Pistole gesehen haben, bevor sie mir aus der Hand geflogen war, und gab glücklicherweise ihren Angriff auf; gebissen wurden wir jedenfalls nicht.

Mit großer Kraftanstrengung zog sich der Arzt aus der Nashorn-Absperrung zurück. Schnaufend dankte er mir, dass ich ihn festgehalten hatte. Wieder schauten wir ins Unterholz und sahen, dass die starke Beruhigungsspritze bei Jeanie wirkte. Wie wir gehofft hatten, sprang Annie allein in den Affenkäfig zurück. Drei Minuten später schlief Jeanie fest auf ihrem Nachtlager.

Schimpansen bleiben immer unreif und unerfahren, sie können nie die Verantwortung für jene Freiheit übernehmen, die sie so verzweifelt suchen. Unter den Großaffen sind sie die verspieltesten. Meiner Meinung nach sind sie weit entfernt von dem, was man unter »würdevoll« versteht: Sie sind eher kindisch. Als ich diese Geschichte aufgeschrieben habe[4], war Toto fast 50 Jahre alt und noch immer völlig unzurechnungsfähig. Soweit ich es beurteilen kann, ist es sogar laufend schlimmer mit ihm geworden.

Einer der grundlegenden Unterschiede zwischen einem Menschen und einem Schimpansen ist die Tatsache, dass Menschen Verantwortung übernehmen können. Verantwortungsbewusstsein ist ein Zeichen von Reife. Jeder, der im Vollbesitz seiner geistigen und körperlichen Fähigkeiten ist, möchte wachsen, und das wird auch von ihm erwartet. Wenn wir nicht wachsen, sind andere – vor allem unsere Eltern – ziemlich enttäuscht und verunsichert.

So ähnlich erging es dem Apostel Paulus. Er war von den Gemeindegliedern in Korinth enttäuscht. Ihr geistliches Wachstum war stehen geblieben. Aus Paulus' Worten klingt Ernüchterung:

»Und ich, Brüder, konnte nicht zu euch reden als zu Geistlichen, sondern als zu Fleischlichen, als zu Unmündigen in Christus. Ich habe euch Milch zu trinken gegeben, nicht Speise; denn ihr vermochtet es noch

4 A. d. H.: D. h. in der zweiten Hälfte der 1980er-Jahre.

nicht, aber ihr vermögt es auch jetzt noch nicht, denn ihr seid noch fleischlich. Denn da Neid und Streit unter euch ist, seid ihr nicht fleischlich und wandelt nach Menschenweise?« (1. Korinther 3,1-3).

Nicht, dass es den Korinthern an der Erkenntnis geistlich Erwachsener gemangelt hätte; die hatten sie. Nicht, dass ihnen Gottes Geist gefehlt hätte; auch den besaßen sie. Vielmehr waren sie noch Säuglinge, weil sie die Verantwortung für ihre Freiheit, Christus zu dienen und zu gehorchen, nicht übernehmen konnten. Sie wollten nicht für andere sorgen. Wie Kinder und Jugendliche achteten sie nur auf ihre eigenen Bedürfnisse. Der reife Christ aber hat die Nöte der anderen im Blickfeld.

Der Schreiber des Hebräerbriefs spricht dasselbe Thema an: Reife.

»… über diesen haben wir viel zu sagen, und es ist mit Worten schwer auszulegen, weil ihr im Hören träge geworden seid. Denn obwohl ihr der Zeit nach Lehrer sein müsstet, habt ihr wieder nötig, dass man euch lehre, welches die Elemente des Anfangs der Aussprüche Gottes sind; und ihr seid solche geworden, die Milch nötig haben und nicht feste Speise. Denn jeder, der noch Milch genießt, ist unerfahren im Wort der Gerechtigkeit, denn er ist ein Unmündiger; die feste Speise aber ist für Erwachsene, die infolge der Gewöhnung geübte Sinne haben zur Unterscheidung des Guten sowohl als auch des Bösen« (Hebräer 5,11-14).

Elefant zu verschenken!

Wenn man jemandem einen Gefallen tut, weiß man nie, was dabei herauskommt. Als ein Admiral der U.S. Navy dem seinerzeitigen Premierminister von Kambodscha eines Tages aushalf, endete das in ungeahnten Schwierigkeiten für den Zoo von Los Angeles.

Und hier die beschämende Geschichte. In Bezug auf die Hauptakteure sind die Namen jedoch weggelassen worden, denn schließlich soll ja niemand zusätzlich in Verlegenheit gebracht werden!

Ende der 1960er- und Anfang der 1970er-Jahre war Los Angeles die einzige Stadt der Vereinigten Staaten mit einer eigenen Außenpolitik. Unser Bürgermeister war so oft wie möglich unterwegs, pflegte seinen Größenwahn und liebäugelte mit dem Gedanken, an der Präsidentschaftswahl teilzunehmen. Er sprach überall über unsere Vietnampolitik und machte sich im Militär eine Menge Freunde. Eine dieser Freundschaften führte dazu, dass der Zoo von Los Angeles gebeten wurde, einen Elefantenbullen zu übernehmen. Die Geschichte, die einige Tierärzte und ich vom stellvertretenden Zoodirektor aus erster Hand hörten, klang wie ein Roman:

Der Premierminister von Kambodscha war todkrank und musste sich einem operativen Eingriff unterziehen, der in seinem Land nicht durchgeführt werden konnte. Die nächstmögliche Hilfe bot sich auf einem amerikanischen Flugzeugträger, der vor der Küste seines umkämpften Landes stationiert war. Darum wurde er von Angehörigen dieser Marine-Einheit ausgeflogen und auf den Flugzeugträger gebracht, und ein Expertenteam von amerikanischen Ärzten rettete sein Leben.

Die Kambodschaner bedankten sich auf eigenartige Weise. Ein einfaches Dankschreiben wäre ja mehr als genug gewesen, doch Tradition ist Tradition, und diese musste nun mal eingehalten werden. Die kambodschanische Tradition schreibt vor, dass dem Hauptverantwortlichen für die Lebensrettung eines anderen Menschen ein Elefantenbulle zusteht. Der Regierungschef entschied, dass der

Admiral, der das Geschwader des Flugzeugträgers befehligte, diese Ehre verdiene.

Der Admiral war ein typischer alter Seebär. Er hatte eine raue Stimme, kurzes weißes Haar und eine lederne Haut, die auf allen Meeren dieser Welt von Wind, Salz und Sonne gezeichnet worden war. Er war der Letzte, der für einen Elefanten Verwendung hatte. Ein Geschenk dieser Größe auszuschlagen, hätte jedoch einen unverzeihlichen Verstoß gegen die Etikette bedeutet. Darum bedankte er sich nach Art eines Mannes, der Kriege und Präsidenten überlebt hatte, in aller Form für das Angebot und plante die Übernahme des Elefanten. Bestimmt denken Sie jetzt: ›Wo ist das Problem? Ein geschenkter Elefant, das klingt doch wie ein Lottogewinn, oder?‹ Falsch!

Das Problem war: Es handelte sich um einen Elefanten*bullen*. Elefantenbullen sind gefährlich. Sie lassen sich nicht dressieren und werden mehrmals im Jahr völlig unzugänglich. Viele Wärter und auch Dompteure haben dadurch schon den Tod gefunden. Aus diesem Grunde halten viele zoologische Gärten nur noch Elefantenkühe. Kühe sind pflegeleichter.

Der Admiral rief also unseren Bürgermeister an, und das Gespräch wird wohl ungefähr folgendermaßen verlaufen sein:

»Herr Bürgermeister, hier spricht Admiral Sowieso. Ihre Stadt besitzt einen ausgezeichneten Zoo, wurde mir gesagt.«

»Jawohl, Herr Admiral, ich habe ihn praktisch selbst aufgebaut.«

»Meiner Frau und mir wurde ein kleines Geschenk zugedacht, und ich möchte es Ihrem Zoo vermachen.«

»Wie großzügig, Herr Admiral. Um was handelt es sich denn?«

»Um einen Elefantenbullen, Herr Bürgermeister.«

»Das ist ja ein ganz großartiges Geschenk! Lassen Sie mich den Zoo verständigen und alle notwendigen Vorkehrungen treffen.«

So kam es, dass der Bürgermeister den Zoo anrief. Wie dieses Gespräch verlief, wissen wir:

»Herr Bürgermeister, einen Elefantenbullen können wir wirklich nicht übernehmen. Das ist einfach zu gefährlich. Wir müssen damit rechnen, dass das Tier unsere Leute verletzt, Herr Bürgermeister.«

Widerstrebend gab der Bürgermeister diese Nachricht an den Admiral weiter, für den in dieser Sache schon alles klar war. Was für ein Druck nun in einem erneuten Telefongespräch von der anderen Seite auf den Bürgermeister ausgeübt wurde, können wir nur vermuten.

Wie dem auch sei, der Bürgermeister rief wieder an und wandte sich mit folgenden Worten an den Direktor:

»Ich sehe es als ein persönliches Entgegenkommen Ihrerseits an, wenn Sie dem Elefanten des Admirals in unserem Zoo ein Zuhause geben. Dazu ist es nötig, dass Sie einige Ihrer Mitarbeiter nach Kambodscha schicken, um das Tier zu holen. Die Marine übernimmt die Kosten. Ihre Leute fliegen natürlich erster Klasse. Ich verlasse mich darauf, dass Sie alles im Zoo so arrangieren, dass wir uns für das großzügige Geschenk des Admirals gebührend bedanken können. Übrigens, die Frau des Admirals hat noch eine kleine Bitte: Sie wünscht sich die Stoßzähne des Elefanten als Andenken. Ich meine, das werden Sie veranlassen können. Ich danke Ihnen von Herzen für Ihre Zusammenarbeit in dieser Angelegenheit. Sie helfen damit unserem Land.«

Dem Bürgermeister konnte man unmöglich einen persönlichen Gefallen abschlagen. Darum sagte unser Direktor: »Jawohl, Herr Bürgermeister« hinten und »Jawohl, Herr Bürgermeister« vorn und versprach, sich um die ganze Angelegenheit zu kümmern. Das Personal reagierte mit erheblichem Widerstand, aber niemand wollte den Bürgermeister noch einmal anrufen. Also wurde ein Termin ausgemacht, zu dem ein Team auf die weite Reise geschickt werden sollte, um das teure Geschenk entgegenzunehmen. Teuer war es im wahrsten Sinne des Wortes – allerdings vor allem für uns. Die Annahme dieses Geschenks kostete die Verantwortlichen in den USA über 300 000 Dollar!

Ehrlich gesagt, wären viele von uns gern nach Kambodscha gereist, und die meisten waren ziemlich enttäuscht, weil nur ein Wärter mitfliegen durfte. Der Direktor und der Verwaltungschef der *Los Angeles Zoo Association* sollten alles arrangieren, damit das vereinbarte Geschenk überreicht werden konnte. Eine Kiste musste konstruiert und Vorbereitungen für den weiten Flug mussten getroffen werden.

Unser cleverer Direktor ließ die riesige Kiste aus Unmengen von massivem Teakholz anfertigen. Nach dem Transport sollte das ganze Material vereinbarungsgemäß ihm gehören.

Die Reisegruppe machte sich für zwei Wochen auf den Weg. In der Zwischenzeit kursierten Gerüchte und Spekulationen über den Elefantenbullen. Jeder Wärter behauptete von sich, dass er dem Bürgermeister die Meinung gesagt hätte. Das war echte »Frühstückspausen-Tapferkeit«. Wir alle hätten letzten Endes genau so gehandelt wie der Direktor. Nur war für uns die Pause die einzige Gelegenheit, den Zoo vollmundig zu dirigieren und zu versuchen, das Beste aus der Situation zu machen.

Alle, die einen wütenden Elefantenbullen erwarteten, sahen mit Spannung seiner Ankunft entgegen. Die Kiste war viel kleiner als angenommen, zwar aus Teakholz, aber niemand vermutete, dass es überhaupt einen Wert darstellte. Das nur zu dem schlauen Plan des Direktors. Da war es auch schon so weit: Die Tür flog auf, und der Wärter, der mit nach Kambodscha geflogen war, führte den Elefanten aus der Kiste.

Es war die erbärmlichste Kreatur, die wir je gesehen hatten. Der Elefant litt an Unterernährung, und seine glanzlosen Augen hatten einen depressiven Ausdruck. Selbst das Gehen fiel ihm schwer.

Wie man uns sagte, hieß der kleine Elefantenbulle »Chameroun«, was auf Kambodschanisch so viel wie »Wohlstand« heißt. Wenn dieses armselige Exemplar von einem Asiatischen Elefanten den Wohlstand seines Landes repräsentieren sollte, dann war das lediglich ein Beispiel dafür, wie ausgelaugt das Land sein musste.

Bei der Untersuchung entdeckten der Tierarzt und ich eine behandlungsbedürftige Krankheit nach der anderen. Chameroun war voller Parasiten – eine Erklärung für seinen miserablen Zustand. Er musste wochenlang von den anderen Elefanten isoliert gehalten werden, während wir ihn ausgiebig behandelten. An seinem ganzen Körper zeigten sich verdächtige Beulen. Bald stellte es sich heraus, dass es sich hierbei um einen besonderen Wurmtyp handelte, der sich unter die Haut frisst. Jeder einzelne Wurm musste chirurgisch entfernt werden. Das erforderte eine stundenlange Prozedur.

Chameroun konnte nicht betäubt werden. Dazu war er zu schwach. Darum musste die Frau des Admirals vorläufig auf die Stoßzähne warten, bis sich sein Befinden deutlich gebessert hatte.

Mit der Zeit veränderte sich Chameroun Zustand tatsächlich. Aber je besser es ihm ging, umso unzugänglicher wurde er. Es war also nur eine Frage der Zeit, bis er einen von uns verletzen würde. Niemand kann einen wütenden Elefanten bändigen.

Mit Pauken und Trompeten brach der Tag an, an dem die offiziellen Dankesreden vor dem Premierminister von Kambodscha und unserem Admiral gehalten werden sollten. Der Zoodirektor dankte dem Bürgermeister für seinen Kontakt, der uns dieses »seltene Exemplar« beschert hatte. Der Bürgermeister dankte dem Admiral und seiner Frau, dass sie an Los Angeles gedacht hatten, als sie nach einem Heim für ihr großzügiges Geschenk suchten, und er dankte Amerika, das ihm die Gelegenheit gab, dieser Welt zu dienen. Die kambodschanischen Würdenträger wiederum dankten dem Admiral, der ihren geliebten Premierminister gerettet hatte.

Wie viel an diesem Tag gelogen, geheuchelt und schöngeredet wurde, ist kaum zu beschreiben. Es war einfach unerträglich!

Das Beste an jenem Tag war die Tatsache, dass die Schauspielerin Candice Bergen Informationen für einen kritischen Bericht über den Bürgermeister sammelte. Der Artikel trug die Überschrift »Des Kaisers neue Kleider«. Einige Wärter berichteten ihr nur allzu gern, dass der Bürgermeister durch seine Forderung, diesen Elefantenbullen anzunehmen, bestimmt noch eine Verletzung, wenn nicht sogar den Tod eines Pflegers verantworten müsse.

Die Wärter sollten recht behalten. Es ereignete sich ein Vorfall, der tödlich hätte enden können. Chameroun verletzte einen Wärter so ernsthaft am Rücken, dass man auf Abschiebung des Elefanten sann. Zwei Jahre danach wurde der jetzt zwar gesunde, aber völlig unberechenbare Elefantenbulle einem Zoo in Mexiko gestiftet. Soweit ich weiß, lebt er heute noch dort.

Ich habe über diese Geschichte nachgedacht. Sie beinhaltet drei Lektionen, die sich daraus lernen lassen:

Erstens gab es viele Gelegenheiten, Nein zu sagen. Der Admiral hätte sich weigern können, den Elefanten anzunehmen, und hätte damit den Vereinigten Staaten Ausgaben in Höhe von 300 000 Dollar erspart. Der Bürgermeister hätte die Möglichkeit gehabt, das Angebot des Admirals abzulehnen, als er erfuhr, wie gefährlich das Tier für die Wärter werden könnte. Der Direktor hätte grundsätzlich Nein sagen und damit zu seinen Leuten stehen können, für die er verantwortlich war. Weise und verantwortungsbewusst handelnde Menschen unterscheiden sich von Narren dadurch, dass sie gelernt haben, Nein zu sagen, wenn eine Sache wertlos oder schädlich ist. Doch mit dem Verantwortungsbewusstsein war es in dieser Geschichte nicht weit her.

Zweitens sind wir nicht an die Tradition anderer Menschen gebunden. Dr. Charles Sedgwick, unser bester Tierarzt, sagte mir einmal (ich zitiere): »Gary, wenn du deinen eigenen Grundsätzen treu bist, dann bist du auch Menschen gegenüber treu.« Wir brauchen nur auf die Heilige Schrift zu achten. Mit ihr haben wir einen absoluten, stets anwendbaren Maßstab, mit unserem Gewissen einen relativen.

Drittens sollten wir wissen, dass unerwartete Kosten entstehen, wenn wir anderen helfen. Der Admiral wurde zum barmherzigen Samariter, als er das Leben des Premierministers rettete.

Wenn wir uns für die Rolle des barmherzigen Samariters entscheiden – und das sollten wir immer wieder tun –, dann kostet uns das bestimmt mehr als erwartet. Erinnern Sie sich an die Geschichte vom barmherzigen Samariter? Sie steht in Lukas 10,25-37.

»Und siehe, ein gewisser Gesetzgelehrter stand auf, versuchte ihn und sprach: Lehrer, was muss ich tun, um ewiges Leben zu erben? Er aber sprach zu ihm: Was steht in dem Gesetz geschrieben? Wie liest du? Er aber antwortete und sprach: ›Du sollst den Herrn, deinen Gott, lieben aus deinem ganzen Herzen und mit deiner ganzen Seele und mit deiner ganzen Kraft und mit deinem ganzen Verstand, und deinen Nächsten wie dich selbst.‹

Er sprach aber zu ihm: Du hast recht geantwortet; tu dies, und du wirst leben.

Da er aber sich selbst rechtfertigen wollte, sprach er zu Jesus: Und wer ist mein Nächster? Jesus erwiderte und sprach: Ein gewisser Mensch ging von Jerusalem nach Jericho hinab und fiel unter Räuber, die ihn auch auszogen und ihm Schläge versetzten und weggingen und ihn halb tot liegen ließen.

Von ungefähr aber ging ein gewisser Priester jenen Weg hinab; und als er ihn sah, ging er an der entgegengesetzten Seite vorüber. Ebenso aber auch ein Levit, der an den Ort gelangte: Er kam und sah ihn und ging an der entgegengesetzten Seite vorüber. Aber ein gewisser Samariter, der auf der Reise war, kam zu ihm hin; und als er ihn sah, wurde er innerlich bewegt; und er trat hinzu und verband seine Wunden und goss Öl und Wein darauf; und er setzte ihn auf sein eigenes Tier und führte ihn in eine Herberge und trug Sorge für ihn.

Und am folgenden Tag zog er zwei Denare heraus und gab sie dem Wirt und sprach: Trage Sorge für ihn; und was irgend du noch dazu verwenden wirst, werde ich dir bezahlen, wenn ich zurückkomme. Wer von diesen dreien, meinst du, ist der Nächste gewesen von dem, der unter die Räuber gefallen war? Er aber sprach: Der die Barmherzigkeit an ihm tat. Jesus aber sprach zu ihm: Geh hin und tu du ebenso.«

Der barmherzige Samariter traf die richtige Entscheidung, als er seinen Weg verließ, um dem übel Zugerichteten zu helfen. Er erwartete sogar, dass die Gefälligkeit ihn mehr kosten würde, als er schon bezahlt hatte. Sie kostete ihn Zeit, Kraft und Geld – viel mehr können wir nicht geben.

Ein guter Freund erzählte mir eine Geschichte aus seiner Jugend. Jerry war zu spät aufgestanden und wollte darum per Anhalter fahren, um schneller zur Schule zu kommen. Glücklicherweise hielt ein gutmütiger älterer Herr an und nahm ihn mit. Jerry dankte ihm für seine Freundlichkeit, und sie unterhielten sich, während sie auf dem Washington Boulevard in Pasadena dahinfuhren. Plötzlich unterbrach Jerry das Gespräch und sagte: »Hier können Sie mich herauslassen.«

Der alte Herr sah nach rechts und nach links und meinte dann leicht verwundert: »Aber ich sehe hier gar keine Schule, mein Junge.«

Da meinte Jerry: »Die Schule ist weiter drüben; bis dahin kann ich ohne Weiteres laufen. Ich wollte Sie nicht von Ihrem Weg abbringen.«

Der alte Herr erwiderte fest, aber freundlich: »Junger Mann, als ich anhielt und dich mitnahm, wollte ich dir damit einen Gefallen tun. Wenn ich jetzt nicht meinen Weg verlasse, habe ich ja gar nichts für dich getan!«

Nehmen Sie sich einen Moment Zeit und denken Sie nach. Wann haben Sie sich das letzte Mal in diesem Sinne »vom Weg abbringen lassen«, um jemandem zu helfen? Was hat es Sie gekostet? Wenn es erst vor Kurzem war, dürfen Sie dem Herrn danken, denn dann wird in Ihrem Leben immer mehr vom Wesen Jesu sichtbar. Wenn Ihnen diesbezüglich nichts einfällt, sollten Sie es nicht bei Schuldgefühlen belassen, sondern losgehen, um anderen zu helfen. Menschen in Not gibt es überall.

Bei mir ist das anders

Bandit war unwiderstehlich. Ich kannte keinen Waschbären, der mehr Charme und Witz hatte als dieses 90 Tage alte Wonneknäuel. Meine Nachbarin Julie hatte ihn sich in einer Tierhandlung gekauft, und für sie stand fest: Bandit und sie waren unzertrennlich. Wohin sie auch ging, er war dabei – meist saß er auf ihrer Schulter. Wenn Bandit Julies Kopf zwischen seine Pfoten nahm und ihr neugierig in die Augen blinzelte, schmolz ihr Herz; sie umarmte ihn und gab ihm einen dicken Kuss.

Bandit wuchs zusehends. Nach 18 Monaten war er ein strammer Jungbär von etwa elf Kilogramm – immer noch drollig und witzig, nur nicht mehr ganz so verspielt. Er war verschmust, ließ sich auf der Schulter tragen und war ein Musterbeispiel von einem Waschbär als Haustier.

Eines Tages erwähnte ich Julie und Bandit, als ich mit unserem Zootierarzt sprach. Ich fragte ihn, warum nicht mehr Leute Waschbären als Haustier hielten. Seine Antwort verblüffte mich. »Mit etwa 24 Monaten stellt sich bei den Waschbären eine Hormonveränderung ein. Danach werden sie unberechenbar und unabhängig. Oft greifen sie dann ihre Besitzer sogar an.«

»Gibt es da Ausnahmen?«, fragte ich.

»Nicht dass ich wüsste«, antwortete er nachdenklich.

»Dann kann Julie also theoretisch auch gebissen werden?«

»Schon in der nächsten Zeit, denke ich«, meinte der Arzt überzeugt.

Ich fühlte mich berufen, mit Julie über die bevorstehende Veränderung zu sprechen, denn ein 14 Kilogramm schwerer Waschbär kann es immerhin mit einem fast 50 Kilogramm schweren Brocken von Hund aufnehmen. Julie saß mir gegenüber und hörte sich höflich an, was eine weltweit anerkannte Forschungsanstalt über Waschbären und ihre Verhaltensweisen herausgefunden hatte.

Ihre Antwort darauf werde ich nie vergessen.

»Bei mir ist das anders … Versteh mich bitte, Gary, Bandit ist einfach anders!« Lächelnd fügte sie hinzu: »Bandit würde mich niemals verletzen. Er könnte das gar nicht.«

Drei Monate später lag Julie auf der Abteilung für plastische Chirurgie. Ihr erwachsener Waschbär hatte sie aus einem unersichtlichen Grund heraus angegriffen. Bandit wurde in die Wildnis entlassen.

Das war Anfang der 1970er-Jahre. Seitdem habe ich Julies »Aber bei mir ist das anders« immer wieder gehört.

Der 17-jährige Robert sagte: »Ich weiß, was ich tue. Bei mir ist das anders. Ich kenne mich mit der Dosierung von Drogen aus. Mein Vater ist Apotheker.« Sechs Monate später hatte Robert eine Überdosis genommen und verbrachte zwei Monate in einer Heilanstalt.

Die 15-jährige Judy meinte: »Ich weiß, dass er ein Schürzenjäger ist, aber bei mir ist er anders. Er liebt mich wirklich. Ja, ganz bestimmt.« Judy ist heute fünfundzwanzig und lebt mit ihrem neunjährigen Sohn bei ihren Eltern. Der Sohn hat seinen Vater nie kennengelernt.

Jerry, ein 18-jähriger College-Student, erklärte: »Ich bin anders. Ein paar Drinks machen mir überhaupt nichts aus.«

Jerry ist tot. Er hatte drei Freunde im Wagen, als er über den Grünstreifen fuhr und auf die Gegenfahrbahn geriet. Alle waren betrunken.

Pat, eine 35-jährige Frau, war felsenfest überzeugt: »Meine Kinder sind anders. Sie werden mit der Scheidung fertig. Ich werde mir viel Zeit für sie nehmen. Übrigens, mein Freund mag Kinder schrecklich gern.« Pat ließ sich scheiden und heiratete ihren Freund. Sie ließ sich wieder scheiden, nachdem dieser sie fürchterlich bedroht hatte. Die Kinder haben jahrelang schlecht geschlafen und sind Woche für Woche in psychotherapeutische Behandlung gegangen.

David, der als über 40-Jähriger an der Spitze seines Volkes stand, überlegte: ›Was für eine Frau! Ihr Mann ist für längere Zeit von zu Hause fort. Niemand wird es merken. Mal etwas Aufregendes zur Abwechslung.‹

Nachdem sich David mit der Frau dieses Mannes eingelassen hatte, wurde sie schwanger. Um einen Skandal zu vermeiden, sorgte er dafür, dass der Mann starb. Dann heiratete er die Frau. Das Kind starb nach der Geburt. Davids Leben war verändert. Die Verwandten kehrten sich gegen ihn, und einer seiner Söhne versuchte sogar, ihn zu töten. Bestimmt hätte David sich zuvor niemals träumen lassen, dass sich die Dinge so entwickeln würden. Ich bin überzeugt, dass er ebenfalls dachte: ›Bei mir ist das anders.‹ (Dieser Teil der Biografie Davids ist in 2. Samuel 11ff. nachzulesen.)

Wir wollen einen Schritt zurückgehen und *unser* Leben betrachten. Brechen wir vielleicht gerade mit bewährten Grundsätzen? Warnen uns unsere engsten Freunde oder Verwandten vor etwas? Widerspricht unser Lebensstil den Geboten der Bibel?

Wiederholen Sie doch einmal den folgenden Satz: »Vielleicht ist es bei mir *nicht* anders!«

Das »Theme Building«

Im September 1966 wurde der Zoo von Los Angeles am jetzigen Standort eröffnet. Damit fing die kunterbunte Geschichte des seinerzeit fünftgrößten Zoos der Welt an. Er ist der einzige Zoo, der so groß begann. Dabei hat er sich verschiedene Schwerpunkte gesetzt: Erstens gibt es hier im Vergleich zu anderen Zoos sehr seltene und vom Aussterben bedrohte Tiere. Zweitens vermehrten sich bei uns in den ersten drei Jahren bereits mehr als die Hälfte aller Tiere jährlich. Diese beiden Faktoren fanden große Anerkennung in der Zoo-Welt, und wir wurden schon damals sehr gelobt. Die Kehrseite dieser Medaille war, wie überall, die Eifersucht.

Anfangs gab es viel – teils berechtigte, teils unberechtigte – Kritik. Große Teile des Zoos waren auf einem Golfplatz entstanden, der eine beträchtliche Einnahmequelle für die Stadt gewesen war, wogegen der Zoo erst einmal nur Kosten verursachte. Die neu angelegten Flächen sahen zunächst wie eine Wüste aus. In den Sommermonaten der ersten Jahre wurde jeder, der dummerweise ohne Sonnenschutz gekommen war, in der prallen Sonne gebraten. Die Besucher hatten zudem kein Verständnis für die eintönigen Tiergehege. »Das ist ja der reinste Betondschungel«, wurde oft beanstandet. Und damit hatten sie teilweise recht.

Viele vermissten Unterhaltungsshows im Zoo. Die Direktion hatte bewusst darauf verzichtet. Die Tiere sollten nicht wie im Zirkus vorgeführt werden. Dieser Zoo war schließlich als Bildungseinrichtung und nicht zur Volksbelustigung gedacht.

Der Zoo wurde in neun Bereiche eingeteilt: Nordamerika, Südamerika, Afrika, Australien und Eurasien; dazu die Spezialbereiche Wassertiere, Vögel, Reptilien und der Streichelzoo. (Zu diesen neun Bereichen kam noch die Tierklinik dazu.) Das Publikum lehnte diese Anordnung anfangs weithin ab, weil es dadurch seine Lieblingstiere nicht so leicht finden konnte. Wer sich beispielsweise für Affen interessiert, muss die Bereiche Afrika, Eurasien und Südamerika besuchen, wenn er alle Arten sehen will. Auf dem Weg dorthin stößt er auf viele Tiere, die vielleicht gar nicht seine Neugierde wecken.

In der Mitte des Zoos befindet sich auf einer Anhöhe eine berühmte architektonische Attraktion, die einen großen Teil des Zoogeländes bestimmt: das »Theme Building«, ein sogenanntes Thema-Gebäude. Hinter dieser seltsamen Bezeichnung verbergen sich Zwillingstürme, die zehn Stockwerke hoch in den Himmel ragen. Der Baustil ist eine Mischung aus afrikanischen, indischen und asiatischen Elementen. Dieser Bau prägt das Erscheinungsbild des gesamten Zoos entscheidend. Doch was stellt er letzten Endes dar? Man sieht lediglich ein auf Stützpfeilern ruhendes, ungeheuer teures Dach über schmutzigem Boden. Das Komitee, das mit dem Architekten zusammenarbeitete, konnte sich nicht entscheiden, was unter diesem großartigen Dach beherbergt werden sollte. Der Architekt drängte seinerseits darauf, die Frage später zu entscheiden. »Letztendlich bestimmt diese Konstruktion das Thema und kann nicht aus dem Gesamtkonzept gestrichen werden«, meinte er. So entstand das »Theme Building«.

In der Zwischenzeit wurde heiß weiterdebattiert. Einige meinten, das Gebäude sei für ein teures Restaurant geeignet, andere schlugen eine Geschenk-Boutique und wieder andere ein Bildungszentrum vor. Die Jahre vergingen. Das große Dach diente einzig und allein als Schattenspender für Picknickfreunde. Hier und dort wurden billige Bänke unter das weit vorspringende Dach gestellt, auf denen die Zoobesucher ihre mitgebrachten Sandwiches aßen.

In den letzten Jahren hat sich der Zoo immer wieder stark verändert. An vielen Stellen gibt es Wasserfälle und aufwendige Felsformationen. Die Bäume sind mächtig gewachsen und spenden den Besuchern zu jeder Tageszeit reichen Schatten. Die Palette der Tierarten kann sich wirklich sehen lassen und ist wertvoll. Heute wird kaum noch Kritik geübt. Der Zoo gehört mit Sicherheit zu den schönsten Zoos der Welt. Das überragende architektonische Monument dieses Zoos jedoch ist nach wie vor das eine Million Dollar teure Dach über schmutzigem Boden. Daran hat sich nichts geändert. Nach all den Jahren steht das »Theme Building« immer noch leer. Niemand konnte sich bisher für eine Zweckbestimmung entscheiden. Darum steht es auch heute noch ungenutzt da.

Wenn ich an das »Theme Building« denke, fallen mir viele Menschen ein, die 20 oder 30 Jahre lang ohne Sinn und Zweckbestimmung ihr Leben einfach so dahinleben. Der Prophet Elia sprach in 1. Könige 18,21 sehr klar zu seinem Volk, weil die Menschen sich schon damals nicht entscheiden konnten, wer ihr Leben bestimmen sollte:

»Da trat Elia zum ganzen Volk hin und sprach: Wie lange hinkt ihr auf beiden Seiten? Wenn der HERR der Gott ist, so wandelt ihm nach; wenn aber der Baal, so wandelt ihm nach! Und das Volk antwortete ihm kein Wort.«

Wir sind ein »architektonisches« Wunderwerk Gottes. Wir sind ein Tempel des Heiligen Geistes, wenn wir zu ihm gekommen sind und uns ihm zur Verfügung gestellt haben. Stehen wir ohne *seine* Gegenwart nicht leer? Er kann unserem Leben eine sinnvolle Zweckbestimmung geben – wenn es noch nicht geschehen ist.

Pack den Bösewicht beim Kragen!

Im Winter 1968 wurde ich in die Abteilung Sibirien unseres Zoologischen Gartens verbannt. Ich hatte mich einer Ortsgruppe der Amerikanischen Gesellschaft für Zoowärter angeschlossen. Die meisten unserer Wärter gehörten dieser Organisation an. Es handelte sich dabei um eine Fortbildungseinrichtung. Unser stellvertretender Direktor befürchtete, dass daraus eine Gewerkschaftsgruppe erwachsen könnte, und tat alles, um uns kleinzuhalten; ja, er versuchte sogar, uns zu kontrollieren. Wir trafen uns nach Feierabend außerhalb des Zoogeländes und bezahlten unsere Referenten aus eigener Tasche.

Eines Nachmittags rief mich der Direktor zu sich in sein Büro und bestimmte, was die Organisation in ihre Monatsschrift setzen könne und was nicht. Ich war der stellvertretende Redakteur der Zeitschrift. Darum machte ich dem Direktor klar, dass das, was wir in unserer eigenen Freizeit mit unserem eigenen Geld machten, einzig und allein unsere persönliche Sache sei: »Sie haben genauso wenig das Recht, unsere Aktivitäten zu dirigieren, wie zum Beispiel diejenigen der Pfadfinder von Amerika.« Mit diesen Worten brachte ich ziemlich deutlich zum Ausdruck, wie mir gerade zumute war. Hiermit war unser Gespräch beendet, und ich konnte gehen.

Zwei Wochen später kam mein Vorgesetzter zu mir und sagte: »Richmond, ich habe eine schlechte Nachricht für dich. Du bist soeben in die Abteilung 410 versetzt worden.«

Die Abteilung 410 war für »Straftäter« reserviert. Sie war größer als alle anderen Zoo-Abteilungen. Zu ihr gehörten mehr Tiere, als in acht Stunden täglich von einem Mann gepflegt werden konnten. Mir wurde ganz elend, und das hatte zwei Gründe: Erstens kannte ich Wärter, die an der nicht zu bewältigenden Arbeit zerbrochen waren. Es waren tüchtige Männer gewesen, die dort alle Freude an der Arbeit verloren hatten und nicht mehr motiviert waren, ihr Bestes zu geben. Und zweitens war ich ja sehr glücklich dort, wo ich bisher war.

Ich arbeitete mit Dr. Charles Sedgwick, dem beliebten Tierarzt, zusammen und kümmerte mich um die Tiere im Gesundheitszentrum. Er war ein nachdenklicher und umsichtiger Vorgesetzter, immer bereit, meine nie enden wollenden Fragen in jedem freien Augenblick zu beantworten. Das war die Glanzzeit meiner Zootätigkeit. Jetzt wurde sie von einem Mann beendet, den ich absolut nicht mochte und den ich nun sogar zu hassen begann.

Ich erkundigte mich, was der eigentliche Grund meiner Versetzung sei. Die Antwort lautete: »Der Direktor ist der Ansicht, dass du tüchtig bist und dass es an der Zeit sei, deinen Horizont zu erweitern.«

Zwei Tage lang wurde ich in die Abteilung 410 eingearbeitet, dann stand ich alleine da. Schon nach kurzer Zeit war mir klar, dass ich die Arbeit nicht in acht Stunden schaffen konnte; ich brauchte mindestens zehn. Jeden Nachmittag blieb ich also eine Stunde länger und arbeitete in meinen Pausen durch, damit meine Abteilung ordentlich aussah. Ich aß im Laufen und schwor mir, dass es dem Direktor nicht gelingen würde, meine innere Kraft zu brechen. Der Hass, der in meinem Herzen wuchs, mobilisierte all meine Kräfte. Die Abteilung konnte sich sehen lassen. Allein der Gedanke, dass ich diesen Mann durch Leistung ärgern könnte, verschaffte mir Genugtuung. Ich wollte »Sibirien« besiegen.

Dann kam der Regen. Zum ersten Mal in meinem Leben regnete es in Südkalifornien 18 Tage hintereinander. Die vielen Tonnen an Schmutz und Schlamm, die in meine Käfige hineingeströmt waren, musste ich wieder herausschaufeln. Allmählich war ich am Ende meiner Kräfte. Der Mann, der mir das angetan hatte, fuhr oft in seinem grünen Dodge Dart an meiner Abteilung vorüber. Ich knirschte mit den Zähnen und wurde so ärgerlich, dass ich Magenschmerzen bekam. In meiner Fantasie stellte ich mir vor, wie dieser Mann bei einem Verkehrsunfall ums Leben kam. Ich wünschte, die Königskobra würde ihn beißen. Dann hätte er keinerlei Überlebenschance. Ich hasste ihn, auch wenn mir das gar nicht so richtig bewusst war.

Wie mein Verhalten auf andere wirkte, war mir eigentlich egal. Ich fand meinen Hass gerechtfertigt. Doch eines Tages machte mir jemand sehr krass deutlich, wie andere darüber dachten.

Mein Oberwärter hieß Scott. Eines Tages vertraute er mir an, dass er lebensmüde sei. Er trank mehr, als er eigentlich wollte, war deprimiert und sah keinen Sinn und Zweck mehr in seinem Leben. Ich dachte bei mir: ›Hier ist nun der Moment gekommen, deinen Glauben an Christus zu bezeugen.‹

»Hast du schon einmal daran gedacht, dein Leben Jesus anzuvertrauen?«, fragte ich mit meiner mitfühlendsten und besorgtesten Miene.

»Ja, schon«, sagte er, »aber ich habe es mir nun doch anders überlegt.«

»Warum?«, fragte ich weiter.

»Weil alle Christen Heuchler sind.« Er lächelte und fügte hinzu: »Du bist ja auch einer von der Sorte.«

Ich lächelte verlegen zurück. »Wie kommst du darauf?«, fragte ich und hoffte, er hätte keinen triftigen Grund.

»Sollten Christen nicht ihre Feinde lieben?«

»So ist es. Wieso?«

»Du hasst den Direktor doch bis auf die Knochen. Wenn Blicke töten könnten … na ja, du weißt schon. Du redest nur schlecht über ihn. Wenn du mich fragst, ist das doch komplette Heuchelei.«

Ich war wie vor den Kopf gestoßen. Was Scott gesagt hatte, das stimmte tatsächlich. Keine Frage! Ich saß eine Weile dort und dachte nach, aber mir fiel nichts Gescheites ein, was ich dagegenhalten konnte. Darum sagte ich: »Du hast recht. Es tut mir leid, dass ich so ein schlechtes Beispiel gewesen bin.«

»Du – und alle anderen auch«, sagte Scott und ging davon.

Ich weiß nicht, ob ich je so beschämt war wie nach dieser Unterhaltung. Ich bat Gott um Vergebung und darum, mich von dem schrecklichen Hass zu befreien, der meine Gedanken gefangen hielt und mein Leben bestimmte. Gott vergab mir, denn in 1. Johannes 1,9 heißt es: *»Wenn wir unsere Sünden bekennen, so ist er treu und gerecht, dass er uns die Sünden vergibt und uns reinigt von aller Ungerechtigkeit.«*

Einige Wochen später wurde ich aus der Abteilung 410 zurückversetzt. Ich hatte Muskelfaserrisse im unteren Bauchbereich und konnte die schwere Arbeit nicht mehr verrichten. Schließlich wurde ich ins Gesundheitszentrum zurückbeordert und erhielt dieselbe Position, aus der ich vor Monaten entlassen worden war. Wissen Sie, wer dafür sorgte? Der stellvertretende Direktor selbst! Wir wurden gute Freunde.

»*… indem ich eben darin guter Zuversicht bin, dass der, der ein gutes Werk in euch angefangen hat, es vollenden wird bis auf den Tag Jesu Christi*« (Philipper 1,6).

Was bedeutet er dir?

Als ich meiner Frau gestand, dass ich eine 24-jährige Rothaarige namens Sally unheimlich attraktiv fand, war ich überzeugt, dass Carol hellhörig werden würde. Ich schwärmte ihr vor: »Sally ist klein, hat schöne braune Augen, ist äußerst liebesbedürftig und einfach hinreißend. Ihr rotbraunes Haar fällt sanft über ihren Rücken, über ihre Arme, Beine und Füße, und selbst auf dem Kopf hat sie einige Haare.« Da atmete Carol erleichtert auf, denn Sally war ein Orang-Utan-Weibchen. Ich hatte Sally im Gesundheitszentrum in Pflege. Ihr Gatte Eli wurde im Nachbarkäfig auf Tuberkulose behandelt.

Sally und Eli waren so unterschiedlich wie Tag und Nacht. Sally war ein Goldschatz – liebenswert, entgegenkommend, freundlich und geschmeidig wie eine Gerte. Eli war grantig, berechnend, hinterlistig – ja, heimtückisch und stärker als ein Ochse.

Ich will Ihnen einige Geschichten erzählen, damit Sie die beiden besser kennenlernen. Sally war mein Lieblingstier – die ganze Zeit hindurch. Darum beginne ich mit ihr.

Jeder Wärter, der sein Geld wert ist, sorgt dafür, dass seine großen Affen etwas zu tun haben. In der Wildnis sind die Tiere ständig mit Nahrungs- und Unterschlupfsuche beschäftigt. Im Zoo bekommen sie das alles auf dem Tablett serviert. Die sensiblen Affen können ja nichts weiter tun, als einen endlosen Strom von Menschen zu beobachten, die ihrerseits wiederum *sie* beobachten. Stellen Sie sich einmal einen Film ohne Handlungswechsel vor, mit ständig neuen Akteuren, doch ohne jeglichen Pfiff – dann bekommen Sie in etwa ein Bild davon, wie ein großer Affe dahinvegetieren muss, wenn er keinen einfallsreichen Wärter hat. Der Mangel an Beschäftigung führt zu einem anormalen und aggressiven Verhalten.

Sally beschäftigte ich nur allzu gern, weil sie immer ganz begeistert darauf einging. Sie löste gern knifflige Situationen. Darum gab ich ihr stets einige Aufgaben.

So legte ich 20 Erdnüsse etwa einen Meter vor den Gitterstäben ihres Käfigs in eine Linie und reichte ihr ein Badetuch. Sally fischte sich die Erdnüsse, indem sie immer wieder das Badetuch über die Nüsse warf. Stück für Stück zog sie so die Leckerbissen näher an ihren Käfig heran und häufte sie sorgfältig auf. Ich war verblüfft.

Eines Tages machte Sally eine großartige Entdeckung, die ich nie vergessen werde. Ich legte die Erdnüsse wie gewohnt vor den Käfig und gab ihr das weiße Badetuch in die Hand. Sie faltete es vorsichtig auseinander und breitete es dann auf ihrem stattlichen Schoß aus. Nachdenklich betrachtete sie es. Plötzlich verriet mir ihr Blick ein »Aha-Erlebnis«. Schnell stand sie auf und hangelte sich zu ihrem Trinkgefäß, das Badetuch hinter sich her ziehend. Sie schaute sich nach mir um. Ihr Ausdruck besagte: »Na, du wirst Augen machen!« Mehrfach tauchte sie das Handtuch in ihr Trinkgefäß, bis es so richtig nass war. Dann war sie zufrieden. Das restliche Wasser wrang sie aus. Sie hangelte sich zu der Stelle mit den 20 Erdnüssen zurück und warf ihr nasses Handtuch über fünf Nüsse. Mit einem einzigen Versuch zog sie diese zu sich heran. Ich war verblüfft. Ehrlich gesagt, ich weiß nicht, ob ich darauf gekommen wäre, dass ein nasses Handtuch den Angelerfolg vergrößern würde. Sally jedenfalls war so clever. Für sie war Nahrungssuche ein elementares Bedürfnis. Und bekanntlich macht Not ja erfinderisch!

Sallys Esslust grenzte an Sucht. Sie entwickelte viele Spielarten, die unsere Aufmerksamkeit und unser Mitleid erregen sollten. Zunächst schmatzte sie mit den Lippen und steigerte sich bis dahin, dass sie sich auf den Oberkörper schlug. Schauten wir sie an, grinste sie von einem Ohr zum anderen und zeigte auf ihren Mund. Wenn gar nichts half, krächzte sie und gab grunzende und bellende Laute von sich, die eindeutig ihren Frust ausdrückten. Eines Tages machte sie sich sogar noch stärker bemerkbar.

Ich ging mit einigen Weintrauben an ihrem Käfig vorbei. Diese waren für die Primaten im hinteren Teil des Gesundheitszentrums bestimmt. Plötzlich schoss Sallys gewaltige Hand durch die Stäbe und fasste meinen Arm. Sie zog mich sachte an die Gitterstäbe heran und deutete lächelnd mit der anderen Hand auf die Trauben. Zweifellos wollte sie die Früchte selbst haben. Ich hielt das für den genau richtigen Zeitpunkt, sie ihr gnädigerweise zu überlassen. Sally nahm sie würdevoll, wie es sich für eine Dame gebührt, und trug die Trauben zu ihrer Schlafbank. Dann kehrte sie zurück, griff wiederum nach der Hand, die ihr die Trauben gegeben hatte, zog sie schnell an ihre Lippen und küsste sie. Darauf klopfte sie mir auf den Rücken, als ob sie sagen wollte: »Mach weiter so, alter Junge!«

Sally war auch hilfsbereit. Es bereitete ihr großes Vergnügen, die Reste des Futters ordentlich zu einem Haufen zusammenzukratzen und direkt vor ihren Käfig zu legen. Eines Morgens füllte ich einen Eimer mit warmer Seifenlauge und stellte ihn direkt neben ihren Käfig. Ich zeigte ihr, wie man die Käfigstäbe sauber macht, und benutzte dazu ein Badetuch. Dann gab ich ihr das Tuch. Sie arbeitete eifrig – 40 Minuten lang. Sie rieb, wusch und wrang. Sie säuberte alle Stäbe, ihre Schlafbank und den ganzen Käfig. Für so viel Einsatz bekam sie ein Vanillebonbon.

Seit Sally mit Eli einen Käfig bewohnte, ist sie ein fruchtbares Zuchtweibchen gewesen – die Mutter von mindestens sieben Nachkommen. Ihre erste Geburt war ganz dramatisch. Ihr Baby Jonathan steckte nach der Geburt noch in der Fruchtblase. Sie aber hatte keine Ahnung, dass sie die Blase zerreißen musste. Wir schauten ihr zu und erkannten verzweifelt, dass sie nichts dergleichen unternahm, während ihr Neugeborenes an Sauerstoffmangel litt. Schließlich eilte Dr. Sedgwick ungeachtet des Risikos zu ihr und nahm das Baby an sich. Es waren fast fünf Minuten vergangen, bevor der winzige Orang-Utan von der Fruchtblase befreit werden konnte. Das Baby fühlte sich kalt an, regte sich nicht und atmete auch nicht. Der Tierarzt begann mit künstlicher Beatmung und regte den Körper durch gezielte Massage an. Immer noch kein Atemzug oder Herzschlag. Dale Thompson, der assistierende Wärter, fragte Dr. Sedgwick: »Und nun, Doc?«

Der beherzt vorgehende Tierarzt sah kurz auf und keuchte: »Wir geben nicht auf. Wir geben nie auf.«

Er spritzte dem Affenbaby ein herzanregendes Mittel, worauf das kleine Wesen reagierte. Alle klatschten Beifall. Wir hielten den Atem an und fragten uns: »Was kann der Arzt noch tun, um dieses hauchzarte Leben zu stärken?« Zunächst waren die Herztöne nur schwach, dann wurden sie stärker, und schließlich schlug das Herzchen regelmäßig. Jonathan lebte! Er würde wegen des akuten Sauerstoffmangels bei seiner Geburt immer etwas langsam bleiben, aber er lebte und war gesund und bereitete schon damals vielen Tausenden Zoobesuchern großen Spaß.

Sally war einfach ein Prachtstück. Die Zoobesucher in Los Angeles schauten ihr bei ihren lustigen Essgewohnheiten gerne zu. Vor Jahren tat sie etwas, was ich damals – als ich sie noch versorgte – nicht bemerkt hatte: Sie legte die Hand über die Augen, um sie vor dem grellen Sonnenlicht zu schützen.

Eli hingegen war ganz anders als Sally. Er lauerte auf jede Gelegenheit, Wärter durch die Stäbe seines Käfigs ziehen zu können. Wenn wir an seinem Käfig vorübergingen, mussten wir enorm aufpassen, denn er hatte Kraft genug, um einem Mann den Arm auszureißen. In San Francisco hatte ein Zoowärter in einem unachtsamen Augenblick seinen Arm durch einen großen Orang-Utan verloren.

Einmal wurde ich Zeuge einer Kraftdemonstration von Eli, die mich tief beeindruckte. Neben Elis Käfig war ein Garagentor, das wir jeden Morgen öffneten, damit frische Luft in die Klinik strömen konnte. Wenn das Tor offen stand, reichte die Feder der Tür gefährlich nahe an Elis Käfig heran. Eli konnte mit seinem längsten Finger noch knapp die Feder berühren. Egal, wo ich auch im Gesundheitszentrum arbeitete, ständig hörte ich das monotone Geräusch, wenn Eli pausenlos an der Feder zupfte.

Ich hatte schon im Hinterkopf, dass der junge Eli eines Tages mit der ganzen Hand nach der Feder greifen könnte. Allerdings hätte ich es nie für möglich gehalten, dass ich diesen Augenblick selbst miterleben würde.

Als ich gerade bei den anderen Tieren war, die ich in der Klinik zu versorgen hatte, und zu den Orang-Utans zurückkehren wollte, geschah es. Eli hatte die Feder voll in der Hand und zog sie in seinen Käfig hinein. Er glich einem riesigen, behaarten Robin Hood mit gespanntem Bogen. Das ganze Garagentor bog sich zum Käfig hin. Dann ergriff Eli das Tor. Mit aller Kraft zog er Bolzen und Schrauben aus dem massiven Vierkantholz und verknotete die Metallfeder mehrfach. Das Tor ging krachend und splitternd zu Bruch.

Seitdem ich Zeuge dieses Vorfalls gewesen war, vergrößerte ich meinen ohnehin respektvollen Abstand vor Elis Käfig um etliche Zentimeter. Doch es sollten noch weitere Kraftakte folgen.

Eli hatte ungemeine Freude am Zerstören. Eines Tages schaffte er es, seinen ganzen Körper unter seiner Schlafbank zu verstecken. Die Schlafbank befand sich etwa einen halben Meter über dem Boden und war fest an die Gitterstäbe seines Käfigs angeschweißt. Die Bretter, die an der Bank angeschraubt waren, brachen los und lagen auf dem ganzen Käfigboden verstreut herum. Eli wählte das längste Brett und nutzte es als Hebel. Er klemmte es zwischen die Kette, die die Tür sicherte, und die Stäbe seines Gitters. Er drückte mit aller Kraft, aber der Hebel zerbrach. Welch ein Glück für uns!

Das Schlimmste aber passierte einmal beim Füttern im Gesundheitszentrum. Es war 13 Uhr. Der Tierarzt und ich hatten gerade Mittagspause gemacht. Ein markerschütternder Schrei sprengte die Mittagsruhe und ließ unser Blut in den Adern erstarren. Wir blickten uns an und wussten beide sofort, was passiert war: Eli hatte Ken, den Wärter im Käfigraum, in den Schwitzkasten genommen. Wenn wir ihm nicht sofort zu Hilfe kamen, hatte Ken keine Chance. Wir sprangen hoch und rannten ohne Rücksicht auf Verluste zum Käfigraum. Ich griff mir noch schnell die Betäubungspistole, die Eli immer einschüchterte. Er wusste ja nicht, ob sie geladen war oder nicht. Der Arzt schloss den Käfig auf, und wir stürmten gleichzeitig durch die Tür. Ken schrie aus Leibeskräften. Hoffentlich würden wir ihn noch aus Elis Fängen retten können! Da sahen wir, dass vor uns schon ein anderer Helfer am Tatort angekommen war. Kens Oberwärter war im Begriff, eine Schaufel auf Elis Hand zu donnern. Ken war es indessen gelungen, seinen Arm so zu drehen, dass Eli ihn nicht durch die Stäbe ziehen konnte. Eli seinerseits versuchte, den Arm zu wenden, während der Oberwärter sich bemühte, eine Stelle zu finden, wo er Elis Hand mit der Schaufel erwischen konnte. Der Oberwärter holte kräftig aus. Der Orang-Utan erkannte, dass es sich nicht mehr lohnte, den Wärter noch festzuhalten. Eli war zwar heimtückisch – aber nicht dumm: Blitzschnell zog er seine Hand in letzter Sekunde zurück. Die Schaufel sauste auf Kens Arm und verletzte ihn unglücklicherweise viel stärker als Eli.

Ken rollte sich vom Käfig weg, schaute den Oberwärter an und lächelte erleichtert. Sein Lächeln schien zu fragen: »Zu wem hältst du eigentlich, Amigo?«

Eli lag aber auch rein gar nichts daran, sich beliebt zu machen. Weil er so boshaft war, pflegte ich ihn zwar ausreichend, tat aber nichts Besonderes für ihn. Oft schenkte ich Sally eine Belohnung, Eli aber nicht. Ich fegte auch gern alle Schnipsel wieder auf, wenn ich Sally mal eine Zeitung überlassen hatte, die sie sich ansehen wollte. Eli dagegen gab ich keine. Der Grund war der: Sally machte es mir leicht, sie zu verwöhnen, bei Eli hingegen kostete es mich enorme Anstrengung. Ich musste mich richtiggehend überwinden, zu ihm auch nett zu sein.

Mit der Zeit lernte ich den Unterschied zwischen einem guten und einem sehr guten Wärter kennen. Der sehr gute Wärter tut für alle ihm anvertrauten Tiere alles, was er nur kann – ob sie ihm nun gefallen oder nicht.

Ich bin sicher, Gott erwartet das auch von uns Christen. Jesus hat uns etwas gesagt, was mich nicht zur Ruhe kommen lässt, wenn ich es in meinem Leben anwenden möchte. In Lukas 6,27-36 lehrt er:

»Aber euch sage ich, die ihr hört: Liebt eure Feinde; tut wohl denen, die euch hassen; segnet die, die euch fluchen; betet für die, die euch beleidigen. Dem, der dich auf die Wange schlägt, biete auch die andere dar; und dem, der dir das Oberkleid nimmt, wehre auch das Untergewand nicht. Gib jedem, der dich bittet, und von dem, der dir das Deine nimmt, fordere es nicht zurück. Und wie ihr wollt, dass euch die Menschen tun, so tut auch ihr ihnen ebenso. Und wenn ihr die liebt, die euch lieben, was für Dank habt ihr? Denn auch die Sünder lieben solche, die sie lieben. Und wenn ihr denen Gutes tut, die euch Gutes tun, was für Dank habt ihr? Denn auch die Sünder tun dasselbe. Und wenn ihr denen leiht, von denen ihr zurückzuempfangen hofft, was für Dank habt ihr? Auch Sünder leihen Sündern, um das Gleiche zurückzuempfangen. Doch liebt eure Feinde, und tut Gutes, und leiht, ohne etwas zurückzuerhoffen, und euer Lohn wird groß sein, und ihr werdet Söhne des Höchsten sein; denn er ist gütig gegen die Undankbaren und Bösen. Seid barmherzig, wie auch euer Vater barmherzig ist.«

Das ist wirklich nachdenkenswert!

Die »Schwarze Witwe«

Die beste Lektion über Tiere habe ich nicht im Zoo gelernt, sondern in einem modrigen, vermoosten Gewächshaus im Hinterhof einer alten Frau, vor der wir immer Angst hatten.

Der Frühling ging immer mehr in den Sommer über. Das Schuljahr war schon fast vorbei. Wie alle achtjährigen Jungen freute ich mich auf drei Monate Ferien und viele Abenteuer, die man bestehen musste, wenn man barfuß durchs Gelände streifte. Meine Mutter brachte gerade das Essen auf den Tisch. Da wurde die Mittagsstille von einem anhaltenden Klingeln an der Haustür zerrissen. An der Tür stand ein älterer Mann. Sein Schlips hing ihm lose um den Hals. Er wischte sich den Schweiß von der Stirn und leierte einige Sätze herunter, die er wahrscheinlich schon 50-mal aufgesagt hatte, bevor er an unsere Haustür gekommen war.

»Guten Tag, Frau Richmond. Mein Name ist Edgar Beasly. Ich komme vom Gesundheitsamt. Wir gehen von Tür zu Tür und alarmieren die Leute, damit sie sich vor der Schwarzen Witwe schützen. Ich bin sicher, Sie haben bereits bemerkt, dass es in diesem Jahr mehr Spinnen gibt als sonst. Ärzte berichten vermehrt über Spinnenbisse und glauben, dass sie auf die Schwarzen Witwen zurückzuführen sind. Letzte Woche ist ein kleines Mädchen fast daran gestorben. Wir warnen Sie, weil wir in Kalifornien eine Spinnenplage haben. Das kann schon mal vorkommen, wenn das Frühjahr nass war.«

Er händigte meiner Mutter ein kleines Heft aus und meinte: »Frau Richmond, hier ist eine Broschüre mit einigen ganz wichtigen Informationen über die Schwarze Witwe. Sie zeigt, wie die Spinnen aussehen und – was noch wichtiger ist – wie ihre Netze zu erkennen sind. Wir sind Ihnen sehr dankbar, wenn Sie etwas gegen diese Plage tun und reichlich Gift sprühen.«

Dann verabschiedete sich dieser Mr. Beasly, und meine Mutter faltete das Blatt auseinander. Sie schaute mich mit berechtigter Sorge an und sagte: »Gary, wenn ich dich je am Netz von so einer Spinne erwische, dann kannst du etwas erleben! Hast du mich verstanden, junger Mann?«

Ich nickte bejahend. Sie gab mir die Broschüre zum Lesen. Ich war fasziniert. Auf dem Deckblatt sah ich das Bild einer weiblichen Spinne, einer Schwarzen Witwe. Sie war groß und in solch einer Perspektive aufgenommen, dass man das Bild einer roten Sanduhr auf der Bauchseite ihres schwarz glänzenden Unterleibes sehen konnte. Das Faltblatt besagte, dass sie in einem wirren Netz lebe, das vorwiegend an dunklen Stellen zu finden sei – in Garagen, an Holzstößen oder unter Kisten und Schränken.

Der Abschnitt, der mich am meisten interessierte, war mit »Der Biss der Schwarzen Witwe« überschrieben. Wer gebissen würde, sollte auf folgende Symptome achten: Entfärbung der Bissstelle, Übelkeit, starke Kopfschmerzen, ungewöhnliche lokale Schwellungen, erschwerte Atmung und Augenflimmern. Die Aufzählung schloss mit dem Hinweis, dass einige Kinder bereits am Biss dieser Spinne gestorben wären.

Meine Mutter erfuhr nie, dass sie mir mit dieser Broschüre geradezu den Plan für mein nächstes großes Abenteuer in die Hand gegeben hatte: eine Spinnen-Safari. Ich konnte es kaum erwarten, bis ich Doug, meinem besten Freund, die großartigste Idee meines Lebens mitteilen konnte.

»Also pass auf, Doug. Samstagmorgen sind meine Eltern für drei Stunden weg. In der Zeit können wir zehn Schwarze Witwen fangen. Wir können die Dinger zur Eliot Junior High School bringen und sie in den Ameisenhügel stecken, den ich gefunden habe. Das wird super! Die Roten Ameisen strömen heraus und verteidigen ihre Festung in einem heißen Kampf. Natürlich gewinnen die Roten, und damit haben wir unseren Teil zur Bekämpfung der Plage geleistet.«

»Und wenn wir gebissen werden?«, fragte Doug zweifelnd.

»Wir werden uns doch von solchen Kindermördern nicht beißen lassen! Wir werden selbstverständlich ganz vorsichtig sein. He, du bist doch wohl kein Feigling, oder?«

»Nein, natürlich nicht«, gab Doug klein bei.

Doug musste mir den Blutsbruderschafts-Händedruck geben und versprechen, dass er keiner Menschenseele verraten würde, was wir Samstagmorgen um halb neun vorhatten. Er schwor den Eid und wusste, dass ihm Zähne und Haare ausfallen würden, wenn er ihn nicht einhielte. Ich fand ein altes Erdnussbutterglas und bohrte ein paar Löcher in den Deckel. Die Spinnen sollten auf keinen Fall sterben, bevor sie Gelegenheit gehabt hatten, mit den Roten Ameisen zu kämpfen. Wir suchten uns einen 60 Zentimeter langen Stock zum Spinnenfangen. Dann versteckten wir unsere Safari-Ausrüstung bis Samstag hinter der Garage.

Kaum waren meine Eltern zum Einkaufen gefahren, rannte ich zu Doug hinüber. Er wartete bereits im Vorgarten auf mich. Wir packten die Ausrüstung und liefen in unseren Hof. Einige Spinnennetze hatte ich schon entdeckt. Auf dem Weg dorthin trafen wir Eric, einen anderen guten Freund, der mit uns spielen wollte. Nach kurzer Beratung entschlossen wir uns, ihn mitmachen zu lassen, doch musste er zuvor einen Eid schwören, der noch finsterer war als jener, den Doug abgelegt hatte.

»Was für einen Eid?«, fragte Eric.

»Einen, bei dem etwas ganz Schlimmes passiert, wenn du ihn brichst.«

Eric wollte unbedingt mitmachen, darum schwor er:

»Ich, Eric, …«

»Ich, Eric, …«

»… verspreche, mit niemandem über die Schwarze-Witwe-Safari zu reden.«

»… verspreche, mit niemandem über die Schwarze-Witwe-Safari zu reden.«

»Tue ich es doch, fallen meiner Mutter alle Haare aus.«

»Was?!«

»Du hast richtig verstanden, Eric. Also, willst du nun mitmachen oder nicht?«

»Ja, es ist nur, weil ich das mit den Haaren meiner Mutter überhaupt nicht wünsche …«

»Willst du denn etwas verraten?«

»Nein …«

»Dann passiert doch auch nichts. Der Eid hat seinen guten Grund, Eric. Normalerweise kannst du ja keine Geheimnisse für dich behalten. Der Eid soll dir dabei helfen.«

»Okay«, sagte Eric. »Tue ich es doch, fallen meiner Mutter alle Haare aus.«

»War doch gar nicht so schlimm, oder?«, fragte Doug.

Wir gingen unseren überwucherten Fahrweg entlang und stießen auf meinen zwölf Jahre alten Bruder Steve. Bevor wir Eric bremsen konnten, sprudelte er schon heraus: »Rate mal, wohin wir gehen, Steve! Wir fangen zehn Schwarze Witwen und stecken sie in den Haufen der Roten Ameisen. Ist das nicht klasse?«

Mein großer Bruder kanzelte uns mit jenen Worten ab, die wir am allerwenigsten hören wollten: *»Dazu seid ihr noch viel zu klein!«*

Junge, wie ich diese Worte hasste! Steve meinte, wir wären noch zu klein, um Schwarze Witwen zu fangen! Unsere Idee aber, die fand er trotz allem großartig. Er bot sich an, die Spinnen für uns zu fangen. Wenn wir uns gescheit anstellten, dürften wir auch das Glas halten.

Wir folgten meinem Bruder in unseren Hof. Ich drohte Eric mit der Faust und sagte: »Dir erzähle ich nie wieder ein Geheimnis. Hoffentlich erinnerst du dich, was du deiner Mutter damit angetan hast, du Eidbrecher!«

Traurig gab ich den Fangstock an meinen Bruder ab, und Doug gab mir erleichtert das Erdnussbutterglas in die Hand. Eric versuchte währenddessen, sich seine Mutter kahlköpfig vorzustellen. Ob sie wohl wusste, dass *er* ihr das angetan hatte?

Nach einer Minute erwischten wir die erste Spinne. Sie hauste hinter unserem Holzschuppen. Ihr Netz hatte sie zwischen Zaun und Schuppen gespannt. Es offenbarte ihre erfolgreiche Jagd: Die vertrockneten Überreste von drei Motten und zwei Fliegen waren stumme Zeugen ihres Mordtalents.

Wir drängten uns hinter Steve und sahen zu, wie er die erste der zehn Spinnen fing. Sie sollte auf das Ende des Stocks krabbeln. Steve gelang es, und er kommandierte mich mit dem offenen Glas herbei. Mit zitternden Händen öffnete ich den Deckel. Die Stockspitze lieferte den ersten Gefangenen ab. Die Spinne war mittelgroß, und sie war nicht besonders glücklich, dass sie gefangen wurde. Sie sah genau so aus wie die Spinne auf dem Faltblatt. Ich öffnete das Glas, und wir konnten die leuchtende, rote Sanduhr auf ihrem schwarz glänzenden Unterleib sehen.

Je voller das Glas wurde, umso schwieriger wurde meine Aufgabe. Die fünfte Spinne befestigte einen Faden an dem Deckel: Als ich dann für die sechste Spinne das Glas öffnete, zog ich Nummer fünf unbeabsichtigt über meinen Handrücken …

Nach der achten Spinne passierte ein Unglück. Wir waren es leid, nur auf *unserem* Grundstück Spinnen zu fangen. Steve wollte bei Nummer acht aufhören, doch ich bestand darauf: »Wir hatten ausgemacht, zehn zu fangen, also müssen wir uns auch daran halten.« Steve gab nach. Allerdings hatte er keine Idee, wo wir sonst noch jagen könnten. Eric, der stille Beobachter unserer Safari, machte einen großartigen Vorschlag. »Ich wette, die böse Königin der Schwarzen Witwen lebt in Frau Browns Gewächshaus.« Frau Brown wohnte direkt neben Doug. Alle Nachbarskinder hatten richtiggehend Angst vor ihr, denn sie mochte keine kleinen Kinder. Sie würde wohl sofort die Polizei rufen, wenn wir nur einen Fuß auf ihr Grundstück setzten. Einige Kinder waren davon überzeugt: »Das ist eine böse Frau; die kennt geheimnisvolle Tricks und all den Zauber und kann uns damit in ihren Bann ziehen!«

Erics Idee war deshalb so gut, weil er Abwechslung beim Spinnenfangen versprach, und außerdem hatte mein Bruder Steve bisher den größten Spaß dabei gehabt. Wir verziehen Eric den Eidbruch, weil er einen so genialen Einfall gehabt hatte, und sagten es ihm auch anerkennend. Er antwortete, er sei sehr froh darüber, weil er sich absolut nicht an den Gedanken einer kahlköpfigen Mutter gewöhnen könne. Er fürchte, dies sei doch recht peinlich.

Doug schlug vor, dass wir uns von seinem Hof aus auf Frau Browns Grundstück schleichen sollten. Das Gewächshaus stand im hinteren Teil ihres Gartens. Dougs Vorschlag wurde angenommen. Wir spähten über Dougs Zaun hinweg in Frau Browns verwilderten Garten und stellten fest, dass sie nicht draußen war. Einer nach dem anderen drang in das verbotene Territorium ein und schlüpfte heimlich in das Gewächshaus.

Es war dumpfig und dunkel, muffig und modrig – ein ideales Klima für Spinnen. Wir fürchteten alle, Frau Brown könne aus dem Haus schleichen und uns erwischen. Darum musste Eric Wache schieben.

Unter einer Gartenbank stand ein großer Fünfundzwanzig-Liter-Topf aus rotem Ton. Er glich Mutters Übertopf für die kleine Palme. Der Topf stand mit der Öffnung nach unten auf drei roten Ziegelsteinen. Steve und Doug drehten ihn ganz langsam und vorsichtig um. Wir hielten die Luft an. Was sahen wir da? Auf dem Grund dieses Tontopfes saß die größte Schwarze Witwe aller Zeiten. Sie war dick und bis oben hin voller Gift. Ihren silbrig-weißen Eiersack schützte sie sorgfältig. Ganz im Gegensatz zu den anderen Spinnen hatte sie überhaupt keine Angst vor dem Stock.

Nach einiger Anstrengung konnte Steve die gefährliche Riesenspinne auf das Stock-Ende nehmen. Mein Bruder rief mich, und ich öffnete das Glas. Erst schüttelte ich so lange, bis ich die acht Spinnen, die wir schon erobert hatten, zählen konnte. Vorsichtig drehte ich den Deckel auf und nahm ihn vom Glas. Da stand ich nun; mir zitterten die Hände, während Steve den Stock in die Glasöffnung steckte. Genau in dem Moment, als er die Spinne abstreifen wollte, machte diese einen Sprung und landete direkt zwischen meinen nackten Füßen. Ich wich zurück und vergaß in der Aufregung, den Deckel wieder auf das Glas zu schrauben. Meine ganze Aufmerksamkeit galt der Ausreißerin zwischen meinen Füßen, und ich beobachtete angestrengt, wie mein Bruder kämpfte, um sie wieder auf den Stock zu bekommen.

Dabei hatte ich gar nicht bemerkt, dass eine mittelgroße Spinne aus dem Glas direkt auf meinen Handrücken gekrabbelt war. Langsam, ganz langsam nahm ich das Krabbeln wahr und starrte ungläubig auf den kleinen, grausamen Killer, der gemütlich über meine Hand spazierte. Das Erdnussbutterglas glitt mir aus den Fingern. Überall krabbelten Schwarze Witwen – was für ein Schreck! Das Spiel war aus. Ich war unfähig, auch nur *ein* verständliches Wort herauszubekommen. Nur ein einziger Ton gelang mir, und der klang phonetisch, glaube ich, in etwa so: »YäääÄÄÄÄ!«

Mein Bruder blickte mich mit großen Augen an. Klar, auch ihn beschlich nun allmählich die Angst.

Ich glaube allerdings, dass unsere Ängste unterschiedlicher Natur waren. Mich überfiel Panik, weil ich zum ersten Mal im Leben der festen Überzeugung war, jeden Moment sterben zu müssen. Und das nicht wie ein Cowboy oder ein Indianer im Kino, der anschließend wieder aufstehen kann, sondern richtig sterben, wo alles schwarz wird und wo man nicht weiß, was danach passiert. Ich gab mir alle Mühe, nicht in Ohnmacht zu fallen. Jeden einzelnen Fußtritt der Spinne konnte ich auf meinem Handrücken spüren. Ich stand wie erstarrt da, völlig hilflos.

Mit Tränen in den Augen flehte ich meinen Bruder an: »Bitte, Steve, nimm mir die Spinne von meiner Hand.« Er beugte seinen Zeigefinger in Schnippstellung, zwei Zentimeter neben der Spinne. Mir stockte der Atem, und ich wollte eigentlich die Augen schließen, fürchtete aber, es könne das letzte Mal sein. Ich ließ sie also offen. Die Spinne hielt inne, als ob sie sehen wollte, welche Bedrohung dieser Zeigefinger für sie wohl darstellte. In dem Moment schnipste Steve mit voller Kraft. Die Spinne flog in hohem Bogen davon. Nie wieder habe ich eine größere Erleichterung verspürt! Außerdem erkannte ich zum ersten Mal die wichtige Wahrheit: Eines Tages werde ich sterben.

Wie man mit dieser Tatsache fertigwird, hängt davon ab, wie man sich darauf vorbereitet. Wer nicht an Gott oder an ein Weiterleben nach dem Tod glaubt, für den ist es vermutlich egal, wie er sein Leben führt. Wer an Gott glaubt, für den ist gar nichts egal. In der Bibel steht etwas, was mich fesselt:

»*Und ebenso wie es den Menschen gesetzt ist, einmal zu sterben, danach aber das Gericht …*« (Hebräer 9,27).

Uns ist es bestimmt, einmal zu sterben. Das gehört seit dem Sündenfall zum Menschsein. Wir haben ein Rendezvous mit dem Tod. Dies ist eine unausweichliche Tatsache, der wir uns früher oder später stellen müssen. Jakobus sagt über Leben und Tod Folgendes:

»*Wohlan nun, ihr, die ihr sagt: Heute oder morgen wollen wir in die und die Stadt gehen und dort ein Jahr zubringen und Handel trei-*

ben und Gewinn machen (die ihr nicht wisst, was der morgige Tag bringen wird; denn was ist euer Leben? Ein Dampf ist es ja, der für eine kurze Zeit sichtbar ist und dann verschwindet); statt dass ihr sagt: Wenn der Herr will und wir leben, so werden wir auch dieses oder jenes tun« (Jakobus 4,13-15).

Die Heilige Schrift lehrt deutlich, dass Gott da ist. Was wir tun, geht ihn sehr viel an. Klar ist auch, dass wir alles, was wir tun wollen, *vor* unserem Tod tun müssen. (Dazu gehört natürlich auch die Entscheidung für ein Leben mit Gott.) Der weise Salomo schrieb eine Abhandlung über seine Suche nach Wahrheit und Weisheit. Er kam zu folgender Schlussfolgerung:

»Das Endergebnis des Ganzen lasst uns hören: Fürchte Gott und halte seine Gebote; denn das ist der ganze Mensch. Denn Gott wird jedes Werk, es sei gut oder böse, in das Gericht über alles Verborgene bringen« (Prediger 12,13-14).

Schützt uns vor unseren Beschützern!

Cowboys und Indianer, Katzen und Hunde, Russen und Amerikaner, Sicherheitsbeamte und Tierpfleger – sie alle sind (oder waren) klassische Feinde. Erstaunt Sie das letzte Beispiel? Sie haben recht, diese Behauptung muss ich Ihnen erklären.

Zwischen Sicherheitsbeamten und Tierpflegern sind Missverständnisse vorprogrammiert. Das fängt schon bei der unterschiedlichen Kleidung an. Ein Sicherheitsbeamter trägt eine fein gebügelte Uniform, eine Krawatte und auf Hochglanz polierte Schuhe. Die Fingernägel sind manikürt, die Hände weich und sanft. Schwielen? Ich bitte Sie! Auch gegen Feierabend ist ihr Anzug noch tadellos, und wenn sie vorübergehen, schwebt zur Erinnerung ein Hauch von Rasierwasser in der Luft. Was soll ich sagen? Sicherheitsbeamte fühlen sich wie die Stars der Hochglanzmagazine.

Tierpfleger hingegen tragen Arbeitskleidung – dunkelbraune Hosen und verblichene Shirts. Sie arbeiten körperlich schwer und sind ständig verschwitzt. In der Frühstückspause riechen sie schon, als hätten sie 20 Minuten lang in einem Basketballspiel alles gegeben. Ihre Schuhe glänzen nie und sollten in Damengesellschaft möglichst nicht erwähnt werden. Ihre Hände sind verwittert und rau – gerade recht, um eine Tür abzuschmirgeln. Tierpfleger sind erdverbunden.

Sicherheitsbeamte haben es mit dem Publikum zu tun. Von Tieren verstehen sie wenig, und darauf sind sie stolz. Sie könnten nicht einmal den Unterschied zwischen einem Wallaby[5] und einer Beutelmaus erklären.

Tierpfleger sprechen mit den Tieren, spüren den Atem der Tiere und träumen von Tieren. Wissen Sie, was Tierpfleger in ihren Ferien machen? Sie besuchen zoologische Gärten. Das spricht für sich.

Dass Beamte, die für die Sicherheit zuständig sind, nur wenig über Tiere wissen, ist nicht der springende Punkt. Ganz und gar nicht. Das eigentliche Problem ist: Pfleger sehen nie, dass diese Beamten etwas

---

5 A. d. H.: Sammelbezeichnung für kleine und mittelgroße Vertreter verschiedener Känguru-Arten.

tun würden, was nur im Entferntesten an Arbeit erinnert. Sie gehen vielmehr spazieren wie die Zoobesucher. Und was noch schlimmer ist: Sie fahren im Zoo herum. Und wie sie dabei sitzen! Aus der Sicht des Tierpflegers flanieren die Aufsichtsbeamten nur auf und ab oder fahren herum, trinken Kaffee und werden dafür auch noch fürstlich bezahlt.

Ich will fair sein: Im Allgemeinen hatten wir im Zoo eine gute Sicherheitscrew – und haben sie immer noch. Aber darunter gab es doch immer mal einige Beamte, die jedes Mal, wenn das Thema Aufsichtsbeamte aufgegriffen wurde, die von den Wärtern geäußerten Verdachtsmomente und Anklagen bestätigten. Hier ein Beispiel:

1969 hatten wir einen Wurf Dingo-Welpen – fünf gelbe Flauschbälle, die mit ihrer Tollpatschigkeit alle Zoobesucher entzückten. Bei jeder Gelegenheit spielte der Tierpfleger mit seinen Schützlingen, und dadurch wurden sie sehr zahm. Vor fremden Menschen hatten sie keine Scheu. Fast den ganzen Tag spielten sie im vorderen Teil ihres Käfigs, leckten den Besuchern die Finger und nahmen jede Streicheleinheit entgegen, die sie bekommen konnten. Wer wilde Tiere kennt, weiß, dass die in Australien beheimateten Dingos eine sehr spezifische Rasse sind. Wer sich nicht auskennt, für den ist ein Dingo ein ganz gewöhnlicher Hund mit hellem Fell. Er sieht aus wie die Mischung zwischen einem Deutschen Schäferhund und einem blonden Labrador. Ein ähnlich aussehendes Tier findet man in (fast) jeder Tierhandlung.

Ende der 1960er-Jahre trieben sich die Hippies gerne im Zoo herum. Einer dieser Freaks freundete sich mit den Dingo-Welpen an und überlegte sich: ›Das ist doch ganz einfach: Drahtschneider unterm Trenchcoat hereingeschmuggelt, ein Loch in den Draht geschnitten und einen Welpen herausgeholt. Während der Woche kein Problem! Das merkt niemand.‹ Gedacht, getan. Der Hippie und seine Freundin bezahlten Eintrittsgeld und gingen schnurstracks in den Bereich Australien. Ich bin überzeugt, sie stand Schmiere und er schnitt sechsmal in den Draht. Er bog ihn nach oben und – schwups! – hatte er seinen Dingo-Welpen.

Aber damit war er noch nicht aus dem Schneider. Das Ausgangstor lag ja nicht gerade um die Ecke. Zudem hatte er sich ausgerechnet das quirligste Hundekind gegriffen. Jetzt jaulte es auch noch! Das Diebespärchen strebte dem Ausgangstor zu – und wurde angehalten. Können Sie sich die Aufregung vorstellen?

Der Aufsichtsbeamte sprach in geübtem Befehlston: »He da, was hast du unter deinem Mantel?! Ach, das willst du mir nicht zeigen?« Der Hippie blieb mit schreckensstarrem Blick stehen. Er öffnete seinen Trenchcoat und hielt dem Aufsichtsbeamten den zappelnden Welpen entgegen. Der kraulte das Tierchen und sagte: »Nein, nein, ich will deinen Hund gar nicht haben. Ich wollte nur sehen, was ihr da mit euch tragt. Habt ihr beide denn das Schild am Eingang nicht gelesen? Haustiere sind hier im Zoo verboten! Wir dulden keine Haustiere, weil sie unsere Tiere anstecken könnten oder möglicherweise Unruhe stiften. Ich fürchte, ich muss euch zum Ausgang begleiten und euch helfen, den Hund aus dem Zoo herauszubekommen!«

Und genau das machte der Aufsichtsbeamte dann auch. Er gab dem Diebespärchen Geleitschutz bis zum Ausgang, während der Hippie und seine Freundin sich den ganzen Weg bis zu ihrem Auto höflich entschuldigten. Sie entschuldigten sich so lange, bis der Aufsichtsbeamte sich seinerseits für das kleine Schild »Haustiere verboten!« entschuldigte.

Wie sich die Pfleger über diese Geschichte lustig machten! Sie meinten: »Gut, dass der Hippie keinen Elefanten gestohlen hat, sonst hätte sich der Sicherheitsbeamte beim Hinaustragen noch einen Bruch gehoben!«

Einige Zeit später brachte es ein Nachtwächter fertig, der Hoffnung auf Versöhnung zwischen Aufsichtsbeamten und Tierpflegern noch den »Gnadenschuss« zu geben. Ein liebenswertes Schimpansenweibchen flüchtete aus seinem Käfig im drei Kilometer entfernt gelegenen alten Zoo. Dorthin hatte man die Schimpansen ausquartiert, bis ihre Unterkünfte in der Tierklinik wieder bezugsfähig sein würden. Um drei Uhr morgens entdeckte der diensthabende Aufsichtsbeamte im Licht seiner Autoscheinwerfer einen sorglos dahinschlendernden Affen. Sofort verständigte er über Funk das Sicherheitsbüro im Hauptzoo und fragte, was er denn tun solle. Vom Sicherheitsbüro aus rief man daraufhin Dr. Sedgwick zu Hause an und unterrichtete ihn über den Vorfall. Man fragte, was der Beamte machen solle. Dr. Sedgwick ahnte nicht, dass es sich um ein harmloses Schimpansenweibchen handelte, und riet dem Sicherheitsbeamten, vor Ort alles zu tun, damit der Schimpanse sein Gebiet nicht verlassen würde. Er könne sehr gefährlich werden, wenn er in der Nachbarschaft des Griffith Park herumstreune.

Kaum hatte Dr. Sedgwick aufgelegt, tat es ihm auch schon leid, dass er den Schimpansen so gefährlich dargestellt hatte, denn es fiel ihm ein, dass der diensttuende Aufsichtsbeamte ein verhinderter Revolverheld war und gern mit seiner Pistole herumhantierte. Dr. Sedgwick raste zum alten Zoo und kam zehn Minuten zu spät. Das liebenswerte, junge Schimpansenweibchen war bereits tot. Der Nachtwächter hatte es erschossen.

Wie der Beamte erzählte, war er aus dem Auto ausgestiegen und dem Schimpansenweibchen gefolgt. Da habe es ihn angegriffen. Die Untersuchung ergab allerdings, dass der Schimpanse einen Schuss im Rücken hatte. Obwohl Dr. Sedgwick mit allen Mitteln deutlich erklärte, dass er den Aufsichtsbeamten mit seinen Ausführungen am Telefon bestimmt bange gemacht habe, kauften die Pfleger diesem die Entschuldigung nicht ab. Sie machten den Mann fertig, bis er seine Stelle aufgab.

Schon oft habe ich versucht, mich in jenen Aufsichtsbeamten hineinzuversetzen. Nachts ist es im Zoo noch um einiges gespenstischer als auf einem stockfinsteren Friedhof. Ich fürchte zwar keine Gespenster, aber ich fürchte Tiere. Die Erfahrung in all den Jahren hat mich gelehrt, dass Tiere ausbrechen, und man weiß nie, ob einem nicht ein entlaufener Löwe oder ein Bär begegnet. Der Aufsichtsbeamte konnte nicht wissen, welche Schimpansen gefährlich sind und welche nicht. Niemand hätte das im Dunkeln erkennen können. Ich weiß nicht, was *ich* getan hätte, wenn mir im alten Zoo ein Schimpanse in finsterer Nacht entgegengekommen wäre. Trotzdem dauerte es eine ganze Weile, bis die Empörung abebbte und die harten Vorurteile gedämpft wurden.

Doch kaum hatten wir uns beruhigt, da passierte wieder etwas. Donnerstag gegen 17.30 Uhr: Das Rote Telefon schrillte im Sicherheitsbüro. Das war ein Unheil verkündendes Signal und bedeutete, dass ein Wärter im Reptilienhaus von einer Giftschlange gebissen wurde. In solch einem Fall kann der Wärter zum Roten Telefon gehen und abheben. Dann klingelt das Telefon im Aufsichtsbüro und löst eine ganze Reihe von aufeinanderfolgenden Aktionen aus. Die Chefwärter werden benachrichtigt, die zuständige Behörde wird informiert, und ein Aufsichtsbeamter eilt zum Reptilienhaus und leitet den Transport zur Unfallstation ein.

Zunächst funktionierte alles wie am Schnürchen. Nur der Part, den der Aufsichtsbeamte zu übernehmen hatte – die direkte Hilfe für den Betroffenen – funktionierte nicht. Der Aufsichtsbeamte rannte zum Reptilienhaus – so weit, so gut. Er klingelte an der Tür. Niemand öffnete. Er klingelte und klingelte. Dass der Mann innen wahrscheinlich bewusstlos war und die Tür nicht öffnen konnte, ist unschwer vorstellbar. Schließlich kam auch der Aufsichtsbeamte darauf. Er rannte ums Haus und schrie: »Ist da jemand verletzt?« Natürlich bekam er keine Antwort. Einer der Obertierpfleger hörte auf seinem Heimweg die Schreie und lief herbei.

»Was ist los?«, fragte er außer Atem.

»Das Rote Telefon hat geklingelt. Es klingelt wie verrückt im Aufsichtsbüro.«

»Was machst du denn noch hier draußen?!«, brüllte der Oberwärter den jungen Mann an. Dann rannte er ins Haus und suchte sich einen Weg durch das Labyrinth der miteinander verbundenen Räume. Niemand war zu finden. Später stellte sich heraus, dass ein Wasserrohr geplatzt und deshalb das Signal über das Rote Telefon ausgelöst worden war.

In heller Aufregung kam der Oberwärter aus dem Reptilienhaus zurück. »Wo ist das Problem, Junge?«, fragte er.

»Ich habe furchtbare Angst vor Schlangen«, antwortete der Sicherheitsbeamte, dem das Ganze ziemlich peinlich war.

»Du dummer Kerl, das ist der schlechteste Zeitpunkt, so etwas zuzugeben! Ein Mann hätte sterben können wegen dir, verstehst du?«

Nach diesem Vorfall stellte sich die Frage: Wenn die Sicherheitsbeamten uns vor den Menschen zu schützen haben, wer schützt uns dann vor den Sicherheitsbeamten?

Meine Meinung über den Wert der Sicherheitsbeamten änderte ich später grundlegend ein für alle Mal. Ich bin schrecklich allergisch auf Bienenstiche. An einem strahlend hellen Morgen wurde ich in den Arm gestochen. Ich rannte ins Büro meines Vorgesetzten und klagte ihm mein Missgeschick. Er wusste, wie ernst es um mich stand, und alarmierte die Sicherheitseinrichtung. Nach allem, was vorgefallen war, hatte ich gewisse Bedenken, mein Leben diesen Beamten anzuvertrauen. Doch in weniger als 45 Sekunden standen sie vor dem Chefbüro, und schon rasten wir über die Schnellstraße zu einem Krankenhaus in der Nähe von Glendale. Ich war überrascht: Vom Stich bis zur Behandlung waren nicht mehr als acht Minuten vergangen. Alle waren sehr freundlich zu mir. Auch nach dem Unfall wurde ich von den Aufsichtsbeamten, die mir geholfen hatten, verschiedentlich nach meinem Ergehen gefragt. Ich fühlte mich wie der übel zugerichtete Mann in der Geschichte vom barmherzigen Samariter. Meine Ansichten über die Sicherheitsbeamten änderten sich total, nachdem sie mir in dieser Krise so gut geholfen hatten.

Durch meine Gespräche mit den Leuten vom Aufsichtsteam merkte ich, dass es wirklich eine Supertruppe war. Sie arbeiteten mit Menschen, und ich arbeitete eben mit Tieren. Heute sage ich: Mit diesen Leuten möchte ich nicht tauschen, auch wenn ich doppelt so viel verdienen würde.

In Lukas 10,25-37 steht das Gleichnis vom barmherzigen Samariter. Man sollte es öfters lesen und sich fragen, ob wir irgendwelche Vorurteile aufgebaut haben. Wenn uns dabei Menschen einfallen, sollten wir diese lieben. Der Herr fordert uns dazu auf.

Für mich ist *Pardon, ich bin Christ*, ein Buch von C.S. Lewis, sehr hilfreich. Es stimmt mich nachdenklich. Im Kapitel »Die christliche Liebe« heißt es u. a. sehr provokativ:

»Im Kapitel über die Vergebung sprach ich davon, dass … christliche Nächstenliebe etwas völlig anderes [ist] als Sympathie oder Zuneigung.

Manche Menschen sind uns ›sympathisch‹, d. h. wir mögen sie gern, während wir zu anderen keinen Zugang finden. Man muss sich klarmachen, dass solch natürliche ›Sympathie‹ weder eine Sünde noch eine Tugend ist. Auch dass man die eine Speise gern isst und die andere nicht mag, hat nichts mit Sünde oder Tugend zu tun. Sündhaft oder tugendhaft werden die Dinge erst durch unsere innere Einstellung.«[6]

Wenn wir merken, dass wir jemanden nicht mögen, sollten wir ihm einen Liebesdienst erweisen. Es ist einfacher, jemanden zu lieben, dem man hilft, als jemanden, den man dauernd verletzt.

6 Zitiert aus: *Pardon, ich bin Christ*, Basel: Brunnen Verlag, 1. Taschenbuchauflage April 1982, S. 104.

Die Stellvertretung

Dass man mich nicht gewarnt hat, kann ich nicht behaupten. Ich bin gewarnt worden, und zwar von dem anerkanntesten Tierpfleger unseres Zoos. Vor zwei Monaten war er zu mir gekommen und hatte gefragt: »Richmond, hat dir schon jemand etwas über Kudus erzählt?« (Ein Kudu ist eine sehr große, bis zu 300 Kilogramm schwere Antilope mit Hörnern, die wie eine Spirale einen Meter vom Kopf abstehen. Das Fell ist grau- bzw. mittelbraun mit zarten weißen Streifen über den muskulösen Flanken. Die weiblichen Tiere sind zierlicher und haben keine Hörner.)

»Nein, Jack«, antwortete ich. »Gibt es da etwas Besonderes?«

»Sei vorsichtig!«, sagte er sehr betont. Dann ging er wieder zu seinen Tieren.

Niemand weiß besser über afrikanische Huftiere Bescheid als Jack Badal. Für seine erstaunlichen Fähigkeiten im Umgang mit Huftieren wurde er mit dem Marlin Perkins Award[7] ausgezeichnet. Wenn er also sagte, ich solle vorsichtig sein, dann wollte ich auch unbedingt aufmerksam sein.

Ich informierte mich über Kudus und fand heraus, dass die männlichen Tiere mit zwei Jahren geschlechtsreif werden. Unser Kudu war gerade an der Grenze. Kleinere, 30 Kilogramm schwere Antilopen können während der Brunftzeit etwas gefährlich werden, aber der Angriff vonseiten eines 300 Kilogramm schweren Kudus ist tödlich. Selbst Löwen meiden solch ein Tier.

Von nun an beobachtete ich meinen Kudu aufmerksam und bemerkte einige Veränderungen. Zunächst zog er sich von den Menschen zurück. Dann schärfte er sein Geweih an den Granitwänden seiner Behausung. Vorsichtig sah ich ihm dabei zu. Was für ein Kräftepotenzial er doch hatte!

Als ich in jener Abteilung arbeitete, kam ich morgens jeweils schon um kurz vor fünf Uhr in den Zoo und sah nach meinen Tieren. Falls

7 A. d. H.: Auszeichnung, die nach dem US-amerikanischen Zoologen und Zoodirektor Marlin Perkins (1905–1986) benannt ist.

in der Nacht etwas passiert sein sollte, wollte ich morgens der Erste sein, der es entdeckte. Nachdem ich alles überprüft hatte, begab ich mich zum Golf-Klubhaus neben dem Zoo und las dort eine Stunde lang. Um sechs Uhr begann meine Schicht, die bis 14.30 Uhr dauerte.

Einen Morgen im Juni 1968 werde ich nie vergessen. Es war eine Stunde vor Sonnenaufgang und sehr neblig. Der Zoo ist unheimlich, wenn es dunkel ist, und regelrecht furchterregend, wenn der Nebel die Straßenbeleuchtung dämpft und jeden Laut verschluckt. Ich ging zu den Antilopen und stellte fest, dass sie mit aufgerichteten Ohren zum Kudu-Stall hin lauschten. Henry, der Sattelstorch, stolzierte umher. Normalerweise schlief er um diese Zeit auf einem Bein. Irgendetwas stimmte hier nicht! Ich beschleunigte meine Schritte.

Endlich erreichte ich den Kudu-Stall. Mein Herz stockte vor Entsetzen. Der Bulle attackierte wütend die weiblichen Tiere. Wenn es mir nicht gelingen sollte, sie zu trennen, würde er die Kühe töten. In freier Wildbahn geben die weiblichen Tiere einen Duftstoff ab, der die Bullen anzieht und herausfordert. Die Bullen kämpfen dann tagelang miteinander, bis der stärkste sich behauptet. Erst dann gehen sie auf die Kühe und Färsen zu, und die Paarung beginnt. Im Zoo gibt es allerdings keine Rivalen, mit denen ein Bulle kämpfen muss, und die weiblichen Tiere sind oft noch nicht paarungsbereit. Der Bulle wird wütend, wenn die Kühe ihn abwehren, und er lässt dann seine Wut an ihnen aus.

Die Tiere standen dicht gedrängt in ihrem Nachtquartier, einem zwölf mal zwölf Meter großen Gehege direkt neben dem Auslauf, wo sie sich tagsüber aufhielten. Sie hatten das größte Freigelände im ganzen Zoo. Wenn es mir gelingen würde, sie herauszulassen, konnten die weiblichen Tiere dem Bullen entwischen und überleben. Es gab nur ein Problem: Ich musste, um zum Tor zu gelangen, zwangsläufig durch das enge Gatter hindurch. Der Bulle sah nicht so aus, als wenn er sich über einen Rivalen freuen würde. Trotzdem musste sofort etwas geschehen. Ich schnappte mir eine Harke und eine Schaufel und legte sie in die Schubkarre. Dann öffnete ich das Gatter und ging zwischen die Tiere. Es wurde ganz still. War das etwa nur ein schlechter Traum? Der Bulle starrte mich an und schüttelte herausfordernd seinen gehörnten Kopf. »O Schreck!«, entfuhr es mir. Vorsichtig kämpfte ich mich zum Tor vor. Der Bulle schlich an mich heran wie die Katze an die Maus. Seine Augen blickten mich wütend an. Endlich erreichte ich die andere Seite und fummelte am Schloss herum. Ich drehte den Schlüssel und blickte mit einem Auge auf den wütenden Bullen, der knapp fünf Meter von mir entfernt stand. Es machte »klick!«, und ich zog den Riegel weg. Der Bulle sprang. Ich sah seine fein geschärften Hornspitzen auf meine Brust gerichtet und warf mich gegen das Tor. Es gab nach, und ich fiel nach hinten. Ein braunes Etwas – ein dumpfer Aufschlag – ein schmerzerfüllter Schrei … Ein Kudu-Weibchen war vor das Tor gesprungen und hatte den Stoß abbekommen, der für mich bestimmt war. Ich kletterte auf das Eisengittertor und sprang aus dem Gehege. Zwei Meter tiefer landete ich auf einem Schlingpflanzen-Bett. Hier blieb ich erst einmal liegen und fragte mich: ›Lebst du noch?‹ Mein Herz raste wie verrückt, und ich war völlig durchgeschwitzt. Beides wertete ich als gutes Lebenszeichen.

Nach einer halben Stunde intensiver Arbeit konnte ich den Bullen von den Kudu-Kühen trennen. Er wurde zwei Wochen lang in einen Stall gesperrt und erst wieder herausgelassen, als seine Partnerinnen für ihn bereit waren. Beide Kudu-Kühe warfen einige Monate später ein Kälbchen. Eine von beiden trug eine Narbe an der Stelle, wo der Bulle sie mit seinen Hörnern gestoßen hatte. Dieser Stoß sollte eigentlich mir gelten und hätte mich gewiss getötet. Die Kudu-Kuh hatte mir sicher nicht absichtlich das Leben gerettet; trotzdem behandelte ich sie fortan besonders liebevoll. Ich hatte sie fest in mein Herz geschlossen.

In diesem Zusammenhang kam mir ein Gedanke: Dies war nicht das erste Mal, dass jemand sich für mich »stoßen« ließ. Das war schon früher passiert, nur mit dem Unterschied, dass damals mein Retter genau wusste, was er tat und was es für ihn bedeutete:

»*… doch um unserer Übertretungen willen war er verwundet, um unserer Ungerechtigkeiten willen zerschlagen. Die Strafe zu unserem Frieden lag auf ihm, und durch seine Striemen ist uns Heilung geworden*« (Jesaja 53,5).

Wann haben wir Jesus zuletzt dafür gedankt? Vielleicht ist dieser Augenblick der richtige dafür.

Überschlage die Kosten!

Du musst immer die Kosten überschlagen«, rief mir mein Vater zu, als ich noch ein Junge war. Ein gut gemeinter Rat, doch damals dachte ich kaum darüber nach. Wie sollte ich wissen, wie man da am besten vorgeht? Ich hatte damals kaum Lebenserfahrung und war viel zu stolz, um jemanden zu fragen, der die Kosten kannte. Rückblickend bin ich mir fast sicher: Wenn mir jemand einen Kostenvoranschlag gemacht hätte, wäre ich doch überzeugt gewesen, dass Gary Richmond alles im Leben etwas günstiger und leichter bekommt.

Dieser Fehler ist meines Erachtens nur zu verständlich, besonders bei Jugendlichen. Aus diesem Grund schrieb ein deutscher Philosoph: *»Das Einzige, was wir aus der Geschichte lernen können, ist, dass wir nichts lernen.«*

Ich erinnere mich an mein Einstellungsgespräch, bevor ich meine Arbeit als Tierpfleger aufnahm. Ich war damals 23 Jahre alt. Ein erfahrener Personalchef, der bestimmt schon Hunderte und vielleicht sogar Tausende Einstellungsgespräche geführt hatte, schaute mich über seine randlose Brille hinweg an und fragte: »Sie haben uns bisher erzählt, wie schön Sie sich die Arbeit im Zoo vorstellen. Was, glauben Sie, könnte es daneben auch noch für Schwierigkeiten oder Unannehmlichkeiten geben?«

In einem Zoo hatte ich noch nie gearbeitet. Ich hatte keine Ahnung von irgendwelchen Schwierigkeiten. Die Arbeit im Zoo schien mir so reizvoll zu sein, dass mir dazu nichts Schlechtes einfiel. Aber irgendetwas musste ich schließlich sagen. Darum antwortete ich unbefangen: »Ich könnte mir vorstellen, dass ich manchmal mit übel riechenden Kleidern heimkommen werde.«

Der Personalchef schaute mich nachdenklich an. Sein Gesichtsausdruck sagte: »Wenn Sie wollen, können Sie gerne noch mehr hinzufügen.« Aber mir fiel nichts mehr ein. Er brach das unangenehme Schweigen und setzte das Interview fort.

Sieben Jahre lang habe ich im Zoo gearbeitet. Alles Schöne, was ich dort erlebte, war ein Teil des Ganzen. Doch es gab auch Kosten – zum Teil sehr hohe Kosten. Einige möchte ich hier anführen:

Ich muss zugeben: Mein Stolz wurde angekratzt. Das erste Tier, das dazu beitrug, war ein kleiner, sehr frecher Pinguin, der sich weigerte, aus seinem »Bunker« ins Freie zu gehen. Ein Strauß brachte mich mit einem Tritt in Todesnähe, weil ich seine romantischen Annäherungsversuche nicht erwiderte. Einem Wildesel, der in einen rostigen Nagel getreten war, durfte ich eine Tetanus-Impfung geben. Ich setzte ihm die Nadel in sein Hinterteil. Diese Gunst erwiderte er mit einem Schlag, der mich fast durch die Stalltür fliegen ließ. An Regentagen kann ich seinen Schlag heute noch spüren.

Nur ganz knapp entging ich den todbringenden Hörnern eines Kudus, einer Antilope. Der Kudu-Bulle hatte mich für einen rivalisierenden Freier gehalten. Etwas später stieß derselbe, 300 Kilogramm schwere Leitbulle seine ein Meter langen Hörner durch den Körper eines meiner Kollegen. Zwei tollwütige Waschbärjungen zwickten mich in die Hand, und ich musste mich einer Reihe von schmerzhaften Schutzimpfungen in den Bauch unterziehen. An dieser Behandlung wäre ich fast gestorben. Ständig war ich Zooanthroponosen ausgesetzt; das sind Krankheiten, die von Tieren auf Menschen übertragen werden und oft tödlich enden.

Als ich mich für die Tiere einsetzte und auf Missstände hinwies, wurde ich nach »Sibirien« verbannt. Das ist jene Abteilung in unserem Zoo, in der es mehr Arbeit gibt, als ein Mann in acht Stunden verrichten kann. Fast alle, die dorthin versetzt worden waren, verließen die Abteilung als gebrochene Männer. Ich hatte eine Staub- und Heuallergie. In dieser Abteilung gab es beides in derart großen Mengen wie in keinem anderen Teil unseres Zoos. Dadurch entwickelte sich bei mir eine chronische Bronchitis, die hin und wieder eine Lungenentzündung hervorrief.

Ja, es gab auch Tage, an denen meine Kleidung nicht nur übel roch, sondern widerlich stank …

Das ist nur eine kleine Aufzählung, aber sie vermittelt Ihnen sicher einen Einblick in das Leben eines Tierpflegers. Jetzt weiß ich, wie die

Dinge aussehen, von denen ich vor vielen Jahren, als ich unbedingt im Zoo arbeiten wollte, nur eine theoretische Vorstellung hatte. Alles, was wirklich wertvoll ist, hat seinen Preis.

Und auch ein gutes Leben kostet einiges. Das am besten geführte Leben ist ein Leben, das man für Jesus Christus einsetzt. Jesus kennt die Kosten, denn er bezahlte den Preis. Er sagt in Markus 8,34-36:

»Und als er die Volksmenge samt seinen Jüngern herzugerufen hatte, sprach er zu ihnen: Wenn jemand mir nachfolgen will, verleugne er sich selbst und nehme sein Kreuz auf und folge mir nach. Denn wer irgend sein Leben erretten will, wird es verlieren; wer aber irgend sein Leben verlieren wird um meinet- und des Evangeliums willen, wird es erretten. Denn was nützt es einem Menschen, wenn er die ganze Welt gewinnt und seine Seele einbüßt?«

Paulus spricht es in einem Brief an die Philipper deutlich aus:

»Denn euch ist es im Blick auf Christus geschenkt worden, nicht allein an ihn zu glauben, sondern auch für ihn zu leiden« (Philipper 1,29).

Unser Kostenanteil ist demnach, sich selbst zu verleugnen, an Jesus zu glauben und zum Leiden bereit zu sein. Dies ist das, was wir für *ihn* tun können. Er seinerseits hat viel mehr für uns getan. Dabei haben wir es nicht einmal verdient.

Wir wollen uns folgende Fragen überlegen: Was kostet mich mein Glaube? Wie zeige ich meiner Umgebung, was mir der Herr, meine Familie und meine Gemeinde bedeuten? Warum meint Jesus, dass ich den Preis wert sei, den er für mich bezahlt hat?

Es ist genau so, wie mein Vater damals sagte: »Du musst immer die Kosten überschlagen!« – Jetzt weiß ich, was er gemeint hat! Jetzt weiß ich es wahrhaftig.

Badal

Es gibt Menschen, die einen gewaltigen Eindruck auf andere machen. Jack Badal habe ich während meiner Tätigkeit als Tierpfleger als einen solchen Mann kennengelernt.

Ich erinnere mich an meinen ersten Arbeitstag im Zoo von Los Angeles. Ich wurde dem Chefwärter vorgestellt. Dieser wiederum stellte mich einem der beiden Hauptwärter vor, die jeweils für eine Hälfte der Zootiere verantwortlich sind. Und dieser stellte mich seinerseits meinem Oberwärter vor. Oberwärter sind jeweils für eine Abteilung der Zooanlagen zuständig, und Wärter haben für ihren »String« – eine Reihe verschiedener Tiergehege – zu sorgen.

Der Hauptwärter schätzte mich mit einem kurzen Blick ab und hielt mir seine Einführungsrede: »Richmond, es gibt eine richtige Arbeitsführung, eine falsche Arbeitsführung und Jack Badals Arbeitsführung. Jack kann nur auf seine Art arbeiten, also finden Sie die richtige für sich heraus.«

Hier wurde etwas Wichtiges gesagt, das spürte ich. Darum ergriff ich die Gelegenheit und stellte die entscheidende Frage: »Wer ist Jack Badal?«

»Jack ist für die afrikanischen Huftiere zuständig, hier die Straße hinauf. Wenn Sie einen Mann unter einer grünen Baseballmütze mit dem Schirm nach hinten gedreht sehen, der bei der Arbeit pfeift und so aussieht, als habe er zum Frühstück einen Elefanten verspeist, dann ist es Jack Badal. Er spricht noch lange nicht mit jedem. Wenn er Sie nicht mag, gönnt er Ihnen kein Wort. Er weiß mehr als alle anderen und arbeitet auch am meisten.«

»Scheint ein interessanter Typ zu sein. Ich freue mich darauf, ihn kennenzulernen«, sagte ich begeistert.

»Ein *erstaunlicher* Typ passt als Charakterisierung besser, denke ich«, ergänzte der Chef. »Übrigens, nerven Sie ihn nicht mit vielen Fragen zu den Tieren. Er antwortet sowieso nicht darauf.«

»Warum nicht?«

»Jack stammt noch aus einer anderen Zeit. Er kommt aus der alten Schule – der Schule, in der es noch Geheimwissen gab. Früher teilten sich die Wärter in zwei Gruppen: Zoowärter und Tierpfleger. Der Zoowärter fütterte die wilden Tiere und reinigte deren Anlagen. Der Tierpfleger machte aus der Zootierhaltung eine Kunst. Er wusste, was seine Tiere dachten und was sie fühlten. Er wusste, wie er Kämpfe und Krankheiten von ihnen fernhalten konnte. Er verstand etwas von Zucht. Aber sein Wissen gab er nicht weiter, denn sein Wissen war sein Berufsgeheimnis. Es war wertvoll und wurde nicht einfach so locker weitergegeben, wenn einer danach fragte. Er hatte sich sein Wissen schließlich durch sorgfältige Beobachtungen über viele Jahre hinweg angeeignet. Warum sollte er es also ausplaudern?«

Ich wurde dem Bereich Eurasien am anderen Zoo-Ende zugewiesen, weit entfernt von den afrikanischen Huftieren. Drei Wochen lang sah ich Jack Badal nicht, aber ich hörte oft von ihm. Wenn die Leute von Jack sprachen, grenzte das schon fast an Verehrung.

Alle Wärter, die schon im alten Zoos im Griffith Park gearbeitet hatten, konnten Geschichten über Jack Badal zum Besten geben. Ich weiß noch, dass man sich erzählte, er habe einen ausgewachsenen Straußenvogel allein in eine Reisekiste verfrachtet, nachdem vier Männer es zuvor vergeblich versucht hatten. Ich hörte, dass Jack von einer zwei Meter hohen Mauer gesprungen sei und einen jungen Büffel gehalten habe, sodass der Tierarzt ihm Antibiotika verabreichen konnte.

Da gab es noch eine Lieblingsgeschichte, die in den ganzen sieben Jahren meiner Karriere im Zoo kursierte. Es ging um eine schwere Auseinandersetzung. Jack hatte sich mit einem anderen Wärter angelegt, der Lügen über ihn verbreitet und ihn zu Unrecht irgendeiner Sache bezichtigt hatte. Dieser sollte sich bei ihm deswegen entschuldigen. Als Jack ihn zur Rede stellte, wich der Mann aus und gab ziemlich unverschämte Antworten. Man sah, wie Jack sich ärgerte. Er ballte die Fäuste, und es sah aus, als wolle er den Streithahn, dessen Worte ziemlich aggressiv waren, zusammenschlagen. Der Mann merkte, dass er zu weit gegangen war, und erschrak, als Jack ihm bebend vor Wut gegenüberstand. Jack war an einen Punkt gelangt, wo er seine Spannung auf irgendeine Weise entladen musste. Er holte aus und schlug gegen die Wand, direkt neben den Mann. Man erzählt sich, dass Badals Faust die Wand sogar durchbohrt habe. Jack starrte den zitternden Mann einen Augenblick lang an. Dann verließ er den Raum.

Ich weiß nicht, ob diese Geschichten wahr sind. Vielleicht sind sie nur halbwahr. Wahr ist allerdings, dass Jack eine lebende Legende ist, und Legenden wird gern etwas angedichtet. Jeder von uns hielt Jack für einen einmaligen Tierpfleger. Vielleicht war er der letzte Tierpfleger der alten Schule überhaupt.

Zwei Jahre lang war ich Jacks Aushilfswärter. Das bedeutete, dass ich für Jacks Tiere sorgte, wenn er freihatte. Mein Herz schlug höher, als mein Oberwärter mich dem allseits beliebten Tierpfleger als dessen neuen Ersatzmann vorstellte. Nachdem der Oberwärter gegangen war, brach Jack das Eis und fragte: »Magst du afrikanische Huftiere?«

»Ich weiß nicht, ich habe noch nie mit ihnen gearbeitet. Ich will hier im Zoo so viel lernen wie möglich. Ich freue mich sehr auf die Arbeit mit dir. Es heißt, dass du der Beste bist. Die meisten halten dich für eine lebende Legende.«

Jack lächelte und erwiderte: »Na ja, du kennst das ja: Legenden stehen auf tönernen Füßen.«

Ich wusste sofort, dass die Arbeit mit Jack Spaß machen würde. Der Mann war sogar doppelt so gut wie sein Ruf.

»Komm mit!«, forderte er mich auf und führte mich zu dem Stall, in dem die Säbelantilopen untergebracht waren. Bevor wir in den Stall traten, blieben wir ruhig am Zaun stehen und schauten uns jedes einzelne Tier an. Jacks Blick suchte nach Anhaltspunkten für einen Mangel oder ein Fehlverhalten in Bezug auf seine Schützlinge. Die Tiere waren in einem erstklassigen Zustand. Ihre Felle glänzten in der Morgensonne. Mit stolz erhobenem Kopf und klaren Augen blickten sie in den neuen Tag. Jeder Muskel verriet, welche Kraft in diesen Geschöpfen steckte. Diese Antilopen waren weder zu dick noch zu dünn. Ihr Befinden deutete auf eine perfekte Pflege hin.

»Das sind Kerle, diese Säbelantilopen!«, sagte er bewundernd. »Die Bullen haben noch gewusst, wie man Raubtiere schlägt. Siehst du den Zaun dort?« Er zeigte zum Tor. Der Zaun war vorgewölbt, als wäre ein Auto dagegengefahren. »Da ist der Bulle neulich hineingebolzt, als jemand vorüberging. Mit diesen Burschen legen wir uns also lieber nicht an.« Wie dankbar war ich für diesen Hinweis!

Jack sah mich an. Er wollte wissen, ob ich auch zuhörte. Ich nickte. Ja, ich hatte verstanden. Ich würde mich mit diesen majestätischen Kreaturen, die todbringende Hörner besaßen, sicher nicht anlegen.

Ich hatte gehört, dass Jacks Ställe so makellos sauber seien, dass man ohne Weiteres vom Boden essen könne. Ich war sicher, dass diese Behauptung stimmte, verspürte jedoch nie die Lust, die Probe aufs Exempel zu machen!

Jack öffnete die Stalltür, und ich warf einen ersten Blick hinein. Meine Augen suchten jede Ecke ab, besonders die Boxen. Nach dem, was er über die Säbelantilopen gesagt hatte, wollte ich sichergehen, dass wir ihnen nicht ins Gehege kamen. Doch alle Tiere waren draußen im Gelände. Meine Inspektion endete damit, dass Jack und ich einander ansahen. Er hatte mich beobachtet.

»Du hast die richtigen Augen für einen Tierpfleger«, meinte er anerkennend.

»Wie kommst du darauf?«, fragte ich.

»Als wir in den Stall kamen, hast du zuerst in jede Ecke gesehen, was da los ist. Genau das macht der Tierpfleger. Ihm entgeht nichts. Er überprüft alles. Du wirst ein guter Tierpfleger, wenn du in diesem Beruf bleibst.«

Für mich war dies das größte Kompliment, das ich im Zoo je bekommen habe. Diese Worte aus Jacks Mund haben mir den meisten Mut gegeben.

Jack lernte mich zwei Tage lang an, und ich muss ehrlich sagen, dass das, was ich in jenen 16 Stunden lernte, für mich einen größeren praktischen Wert hatte als die beiden vorhergehenden Jahre im Zoo. Jack verstand es, aus kleinen Dingen eine Kunst zu machen. Das Harken lernte ich zum Beispiel bei ihm. Er zeigte mir, in welchem Winkel ich die Harke halten musste, damit die Wirkung am besten war. Jetzt schaffte ich das Harken in der halben Zeit. Er zeigte mir einen Trick, wie man den Sand durch die Zinken schleudert, während Blätter und Abfall hängen bleiben. Er zeigte mir, wie ich den Hof kehren musste, damit sich keine Pfützen bildeten. Er stampfte die Erde fest und hielt den Boden feucht, damit es nicht staubte. Das Endergebnis waren Tiere mit sauberen Lungen und mit Hufen, die immer gleich kurz blieben. Ich kann mich nicht erinnern, dass wir auch nur einem von Jacks Tieren die Hufe beschneiden mussten.

Jack brachte mir das Pfeifen bei der Arbeit bei. Hin und wieder kam ich mir wie ein Wichtelmännchen vor: Die Tiere mussten mich nicht mehr beobachten, hörten aber, wo ich mich in ihrem Bereich aufhielt. Das Pfeifen mildert tatsächlich die Spannung. Von Jack lernte ich außerdem, wie man das Heu anfeuchtet. Dann schmeckt es den Tieren besser. Er zeigte mir auch, dass ich das Heu an verschiedenen Stellen verteilen sollte, damit der Futterneid geringer wurde. Ich konnte nur bestätigen: Jack war vielseitig, klug, ein großer Geschichtenerzähler, ein Mann mit Ausstrahlung und der fleißigste Arbeiter, der mir je begegnet ist – dazu noch ein hingebungsvoller Christ.

Ich fragte Jack nach seiner Einstellung zur Tierpflege. Seine Antworten waren herausfordernd. Er sagte: »Gary, ich versuche, heute im Zoo so zu arbeiten, dass ich den morgigen Tag nicht bereuen muss. Diese Tiere ermöglichen mir, mein Geld zu verdienen. Mit dem Geld ernähre ich meine Familie. Ich finde, ich schulde ihnen dafür, mein Bestes zu geben. Es gehört zu meinem Beruf, dass ich alles aus ihrer Welt beseitige, was ihnen Beschwerden verursachen könnte. Sie sind von mir abhängig, und ich will sie nicht im Stich lassen.«

Wenn ich an Jack denke, fällt mir immer der Vers aus Sprüche 12,10 ein: *»Der Gerechte kümmert sich um das Leben seines Viehs …«*

Jack war ein lebendes Beispiel für die Umsetzung dieses Verses. Ich achtete Jack Badal als den besten Mann in diesem Beruf, den ich kennengelernt habe, als »den letzten großen Tierpfleger«. Mein Respekt vor seinen Fähigkeiten bleibt bis heute bestehen.

Jacks Fähigkeiten waren nicht nur auf die Pflege der Tiere begrenzt. Er war auch ein guter Dompteur. Für den Zoo trainierte er Elefanten. Und besonders stolz war er auf den Flachlandgorilla Ramar. Dieser Gorilla beherrschte Tricks, die noch keinem Gorilla zuvor beigebracht worden waren. Jack liebte ihn sehr, und seine Augen leuchteten, wenn ich ihn nach Ramar fragte. Leider kam die Zeit viel zu schnell, in der

Ramar erwachsen wurde und nicht mehr voll unter Kontrolle zu halten war. Ich weiß, dass Jack sehr darunter litt, ihn an einen Zoo im Osten der USA abgeben zu müssen. Aber es musste nun einmal sein.

Wie Jack Trainer im Zoo von Los Angeles wurde, ist übrigens eine herrliche Geschichte. Damals wurde ein Mann gesucht, der den Elefanten beibringen konnte, die drei Kilometer zum neuen Zoo zu gehen. Drei Männer hatten sich um den Job beworben. Jack erzählte mir den Verlauf des Vorstellungsgesprächs:

»Gary, sie brachten uns drei Vorstellungskandidaten in ein Wartezimmer und baten uns, Platz zu nehmen. Tiertrainer sind ein besonderes Völkchen. Wir sprachen nicht viel, und jeder wartete in sich gekehrt auf sein Vorstellungsgespräch. Endlich wurde der erste Kandidat hereingerufen, und zwei Minuten später hörten wir ein entsetzliches Papageien-Geschrei. Nach weiteren zwei Minuten kam der erste wieder heraus. Er hatte einen hochroten Kopf und sagte kein Wort. Grollend ging er davon. Der zweite Kandidat wurde hereingerufen, und wieder dasselbe Gezeter, nur dass diesmal der Vogel noch lauter schrie als zuvor. Nummer zwei kam heraus, schüttelte den Kopf, schaute mich an, verdrehte die Augen und ging. Was war da nur los?

›Mr. Badal, würden Sie bitte hereinkommen?‹, fragte mich einer der Herren. ›Jawohl‹, sagte ich und trat ein. Einige führende Männer der Stadtverwaltung saßen da, und natürlich waren auch die Zoodirektoren anwesend.

In der Mitte des Raums stand ein großer Käfig mit einem sehr nervösen hellroten Ara, einem Langschwanzpapagei. Er schaute jeden Einzelnen an und hüpfte vor und zurück, denn er war noch sehr aufgeregt.

›Sie wollen also bei uns Tiertrainer werden, Mr. Badal?‹, fragte mich der Direktor.

›Jawohl‹, antwortete ich.

›Wir möchten uns ein Bild von Ihren Fähigkeiten machen, Mr. Badal.‹ Damit überreichten sie mir ein kleines Vogelnetz mit einem etwa sechzig Zentimeter langen Griff und baten mich, damit den Vogel vor ihren Augen aus dem Käfig zu holen.

Jetzt war mir klar, was passiert war. Die beiden Kollegen vor mir hatten den Vogel falsch behandelt. Sie hatten höchstwahrscheinlich das Netz über den Vogel geworfen, ihn aus dem Käfig gezerrt und wieder hineingesetzt. Darum das Gezeter. Ich versteckte das Netz hinter meinem Rücken und sprach leise mit dem Vogel, bis ich merkte, dass er sich beruhigte. Dann öffnete ich langsam und vorsichtig die Tür und ließ ihn sich erst einmal daran gewöhnen. Ich kehrte das Netz um und reichte dem Vogel den Griff. Er hüpfte darauf, und ich hob ihn langsam aus dem Käfig. So stand ich vor dem Personalausschuss.

›Und was soll ich nun mit dem Vogel machen?‹ fragte ich die Herren.

›Setzen Sie ihn in seinen Käfig zurück, Mr. Badal. Herzlichen Glückwunsch! Sie sind unser neuer Tiertrainer.‹«

In seiner Umgebung ist Jack stets das »Maß aller Dinge« gewesen. Er wurde von seinen Kollegen bewundert und von seinen Freunden respektiert. Doch so großartig seine Fähigkeiten im Umgang mit den Tieren auch waren, seine persönliche Beziehung zu Jesus Christus stand in seinem Leben an erster Stelle und gab auch seiner beruflichen Tätigkeit ein solides Fundament. Jack lebte nach den Worten aus Kolosser 3,17:

»Und alles, was immer ihr tut, im Wort oder im Werk, alles tut im Namen des Herrn Jesus, danksagend Gott, dem Vater, durch ihn.«

Du hättest besser gefragt

Nichts ist frustrierender, als mit ungelösten Rätseln leben zu müssen.

Das Zoo-Personal war frustriert, und das kam so: Jeden Tag um zehn Uhr besuchte ein großer, stattlicher alter Mann den Kinderzoo. Er trug alte, abgetragene Kleidung: einen Anzug mit Weste, Schlips und Mantel sowie ein Paar Schuhe. Mit dem Stock in der einen und einer Einkaufstasche in der anderen Hand ging er zu abgelegenen Plätzen. Dann schaute er vorsichtig über seine Schulter, ob ihn wohl jemand beobachtete. Das machte ihn natürlich verdächtig. Und deshalb behielt ihn das Zoo-Personal genau im Auge. Was sie entdeckten, war Folgendes:

Der Mann öffnete jedes Mal seine Einkaufstasche, holte ein paar Scheiben trockenes Brot heraus und verteilte sie rund um die Bank, auf der er saß. Dann nestelte er an seinen Hosenbeinen herum. Es sah so aus, als ob er Fäden unter seinen Hosenaufschlägen hervorzog. Nicht lange danach kamen Eichhörnchen herbei und fraßen das Brot. In diesem Moment sprang der Mann dann von der Bank auf und warf die Arme hoch in die Luft. Manchmal schlug er sich dazu noch auf seine Unterschenkel. Anschließend verschwand er für gewöhnlich in einer Herrentoilette. Ein anderes Mal brachte er hinterher die Hosenbeine wieder in Ordnung und fing erneut an, Fäden zu ziehen. Gegen Mittag war er immer verschwunden.

Der alte Mann brachte das Personal aus dem Häuschen. Sein Benehmen wurde Gegenstand vieler Gespräche und Vermutungen, die alle nicht sehr freundlich waren. Man sprach von dem »Idioten« oder dem »Perversen«. Jeder fand ihn seltsam und verrückt. Manche befürchteten sogar, er könne den Kindern etwas antun.

Schließlich wurde der Direktor auf dieses eigenartige Verhalten aufmerksam gemacht. Der Direktor – ein Mann, der unfähig war, mit Geheimnissen zu leben – beobachtete den Alten einige Minuten durch sein Fernglas, konnte aber auch nicht erkennen, was dieser überhaupt tat. Der Fall musste an Ort und Stelle geklärt werden. Also sprach er den alten Herrn persönlich an.

»Was tun Sie da eigentlich?«, fragte der Direktor ihn freundlich. »Sie haben schon das ganze Personal neugierig gemacht.« Der alte Mann senkte den Kopf und erklärte leise: »Ich habe nur eine kleine Rente und kann mir nicht genug zu essen kaufen. Deshalb fange ich Eichhörnchen. Ich lege Angelschnüre durch meine Hosenbeine und befestige Brotstückchen an Dreikanthaken. Wenn die Eichhörnchen sich dann das Brot holen wollen …«

Der Direktor hob seine Hand. Mehr wollte er gar nicht wissen. Er sah, wie unangenehm dem Mann das Ganze war. »Ehrlich gesagt«, unterbrach ihn der Direktor, »die Eichhörnchen sind eine echte Plage für uns, und wahrscheinlich helfen Sie uns sogar mit dem, was Sie hier tun. Nur, wenn Kinder Sie dabei beobachten – Sie verstehen.« Der Direktor holte seine Brieftasche heraus und drückte einen Zehn-Dollar-Schein in die runzlige Hand des alten Mannes. »Für ein paar Hamburger, okay?« Der alte Mann nickte dankbar und ging davon. Wir sahen ihn daraufhin nie wieder.

Es ist immer leicht, das Schlimmste zu denken und falsche Vermutungen anzustellen. Wenn Menschen kaum lächeln oder nicht mehr mit mir reden, dann denke ich nur selten daran, sie nach dem Grund zu fragen. Ich bin zehnmal schneller bereit, etwas Böses hinter ihrem Schweigen zu vermuten. Dass ihr Schweigen vielleicht der lauteste Hilfeschrei ist, den sie überhaupt noch ausstoßen können, daran denke ich oft zuletzt.

Der Apostel Paulus schrieb einmal darüber, wie wir als Christen handeln sollen: »*… nichts aus Streitsucht oder eitlem Ruhm tuend, sondern in der Demut einer den anderen höher achtend als sich selbst; ein jeder nicht auf das Seine sehend, sondern ein jeder auch auf das der anderen*« (Philipper 2,3-4).

Gibt es in Ihrer Umgebung jemanden, der sich seltsam benimmt? Vielleicht sollten Sie ihn fragen, was los ist.

Die Sünden der Väter

Als ich in der Zooklinik eingearbeitet wurde, stellte man mir den herzlosesten Mann vor, der mir je begegnet ist. Es wird Sie überraschen: Dieser Mann war Tierwärter. Er war für jenen am Hang gelegenen »String« verantwortlich, in dem Bisons, Wapitis, Pekaris, Maultierhirsche, Axis-Hirsche und eine einzelne Bergziege untergebracht waren. Mein Hauptarbeitsgebiet war zwar die Tierklinik, aber einen Tag in der Woche half ich bei ihm aus. Gegen Huftiere habe ich überhaupt nichts – im Gegenteil, ich mag sie sogar gern. Doch da der Kerl die ganze Woche über fast nichts tat, herrschte in seinen verschmutzten Gehegen am Freitag eine unbeschreibliche Unordnung. Als wir uns das erste Mal trafen, war er ganz stolz, dass er für so wenig Arbeit so gut bezahlt wurde. Er behauptete, dass er nie mehr als eine Stunde am Tag arbeite.

Die Ställe waren so günstig gelegen, dass er schon von Weitem sehen konnte, ob der Oberwärter kam. Er saß nämlich oben auf den Heuballen und las Pornohefte. Wenn jemand in seine Nähe kam, sprang er vom Heuhaufen herunter, schnappte sich Harke und Schaufel und tat, als ob er arbeite. Er ging sogar so weit, dass er sich die Achselhöhlen nass machte, damit jeder sah, wie sehr er bei der Arbeit geschwitzt hatte. Seine Faulheit war widerlich. Sie störte mich allerdings noch am wenigsten – ich fand vor allem seine Grausamkeit entsetzlich.

Benedict hasste Tiere – genau wie sein Vater, der ebenfalls im Zoo arbeitete. Natürlich hätten beide das nie zugegeben, aber ihr Handeln sprach lauter als ihre Worte.

Eines schönen Tages geschah Folgendes: Rudolf, der Hirsch, war inzwischen zu einem beachtlichen Vierender herangewachsen. Da beschloss Benedict, zwischen die Hirsche zu gehen. Er wollte nämlich der hübschen Studentin, die den Hirsch eben skizzierte, imponieren. In ihrer Brunftzeit können Hirsche jedoch sehr gefährlich und unberechenbar werden. Benedict hätte Rudolf einsperren müssen, aber das tat er nicht; er genoss es im Gegenteil, seine Herrschaft über das Tier vorzuführen.

Benedict hatte eine Blätterharke in der Hand und stieß damit dem vorbeischreitenden Hirsch in die Seite. Rudolfs Instinkte waren geweckt. Er sah den Gegner, griff an und rammte sein Geweih in die Brust des Wärters, der den *steilen* Hügel hinabrollte und unten liegen blieb. An vier Stellen war der Mann stark verletzt. Er war völlig schockiert. Die attraktive Studentin warf ihm einen finsteren Blick zu und eilte davon, während er sich aufrappelte.

Später soll Benedict an jenem Tag gesagt haben: »Den vermaledeiten Hirsch lasse ich eingehen, das verspreche ich euch!«

Niemand nahm ihn ernst, und das war ein Fehler. Die Zeit verging, und Rudolf verlor immer mehr an Gewicht. Man konnte schon seine Rippen sehen. Er lief jedem nach, der an seinem Zaun vorüberging. Die Tierärzte forderten wiederholt eine Probe seines Kots an. Vielleicht litt Rudolf ja an Würmern. Doch alle Untersuchungen verliefen negativ. Später kamen wir darauf, dass die erhaltenen Proben von einem gesunden Hirsch stammen mussten. Es wurden Blutproben genommen. Auch diese waren in Ordnung. Es gab offenbar keinen Grund für Rudolfs schlechtes Befinden.

Dann wurde ein neuer Wärter für Benedicts Arbeit eingestellt. Es dauerte gar nicht lange, bis dieser den Verdacht äußerte, dass der Hirsch nicht genug zu fressen bekam. Aus Mitleid – aber auch aus Dummheit – warf der neue Wärter einige Schaufeln Kraftfutter in Rudolfs Raufe. Der Hirsch, vom Hunger geplagt, fraß alles auf. Dann bekam er einen solchen Durst, dass er zu viel Wasser trank. Er bekam fürchterliche Blähungen, an denen er einige Stunden später starb.

Der neue Wärter erhielt eine Verwarnung, und das war auch richtig so. Aber der eigentliche Übeltäter kam ungeschoren davon. Ihm konnte man nichts nachweisen.

Als Benedict und ich zum ersten Mal zusammengekommen waren, meinte er augenzwinkernd: »Wenn du die Tiere nicht fütterst, machen sie dir auch keinen Mist und keinen Dreck.«

Ich dachte, dass er wohl einen Scherz machte, aber dem war nicht so. Alle seine Tiere waren dünn und vernachlässigt. Der »Scherz« fiel aber schließlich auf ihn zurück. Von jenem Tag an bis zu seiner späteren Versetzung gab es nämlich Helfer, von denen Benedict freilich nichts wusste. Er hatte immer um 16 Uhr Feierabend, ich und einige andere Wärter aber erst um 17 Uhr. Sobald er gegangen war, schlichen wir hinunter und gaben allen Tieren die Menge Futter, die sie zum Gedeihen brauchten. Oh ja, die Folge davon war eine Menge Mist! Und Benedicts neuer Oberwärter achtete sehr genau darauf, dass er jeden Pferch säuberte.

Ein halbes Jahr später wurde Benedict entlassen, weil er einen Lkw absichtlich gegen einen Freileitungsmast gefahren hatte.

Ich hatte gelegentlich mit Benedicts Vater zusammengearbeitet und bemerkt, dass er gern Tiere quälte. Es machte ihm offensichtlich Spaß, den Orang-Utans und Schimpansen in der Tierklinik Leckerbissen hinzuhalten, die sie aber unmöglich erreichen konnten. Er gab ihnen auch einmal eine brennende Zigarette in die Hand und lachte laut, als sie sich daran verbrannten.

Es war bekannt, dass Benedicts Vater einst von Sam – einem Kamel – angegriffen worden war. Sam schlug ihn damals nieder und griff sich mit dem Maul ein Bein. Das Kamel schleuderte den Mann hoch und herunter und versuchte, dessen Kopf mit seinem enormen Fuß zu zermalmen. Ein dazugekommener Wärter riskierte sein Leben und rettete den hilflosen Mann. Er musste das wütende Kamel mit einer Schaufel schlagen und so lange fernhalten, bis der Verletzte aus dem Gehege gezogen werden konnte. Vor diesem Unglück hatten viele Wärter beobachtet, wie Benedicts Vater dem Kamel Heu hingehalten hatte. Wenn Sam mit seinen Lippen nach dem Heu greifen wollte, hielt der Mann die Kamellippen mit einer Zange so lange zu, bis es ihm endlich gefiel, Sam wieder loszulassen. Er und auch sein Sohn hatten das widerliche Bedürfnis, wilde Tiere zu beherrschen. Auf diese Weise meinten sie, sich Respekt verschaffen und sich wichtig tun zu können.

Das Beispiel seines Vaters hatte auf Benedict eine nicht zu übersehende Wirkung. Die Angewohnheit, vom Leben geringschätzig zu denken, hat er von seinem Vater mitbekommen.

In der Bibel steht, dass die Missetat der Väter an den Kindern heimgesucht wird – bis in die dritte und vierte Generation (2. Mose 20,5).

Das bedeutet für mich, dass Kinder die Werte der Eltern annehmen. Ein gutes Vorbild ist wichtig, damit anständige Kinder heranwachsen können.

Eines Samstags ging ich am Gehege des Spitzmaulnashorns vorbei. Was sah ich da? Zwei Jungen rechts und links von ihrem Vater warfen mit Steinen auf das Nashorn. Es waren recht große Steine, und die Jungen warfen mit aller Kraft. Der Vater griff nicht ein. Er sah schweigend zu, wie das Nashorn erbarmungslos bombardiert wurde. Ich schrie die Jungen an, und sie hörten sofort auf.

»Sind das Ihre Söhne?«, fragte ich den Vater ärgerlich.

»Aber ja!«, antwortete er angriffslustig.

Ich schaute ihn einen Augenblick an und überlegte, was ich sagen sollte. Dann fragte ich: »Wenn Sie sich nicht für Ihre Söhne verantwortlich fühlen, warum haben Sie sie dann in die Welt gesetzt?«

Er wusste nicht, was er entgegnen sollte.

»Hören Sie, wenn Sie von nun an darauf achten, dass die beiden sich benehmen, können Sie sich den Zoo weiter ansehen. Wenn nicht: Dort ist der Ausgang! Auf jeden Fall werde ich Sie beobachten lassen.«

Ich ging weiter und hörte noch, wie er sagte: »Wenn ihr mir noch einmal Scherereien macht, setzt es was!«

Im Zoo haben wir viel Grausames zu sehen bekommen. Ich habe Marshmallows mit versteckten Rasierklingen und ausgelegte Angelhaken gefunden. Ich frage mich, wie es in der Gedankenwelt derjenigen Menschen aussehen muss, die zu solchen Aktionen fähig sind. Verschiedentlich war ich dabei, als Steinadler operiert werden mussten, die angeschossen worden waren. Was für ein Verlust von wertvollen Tieren! Ich weiß noch, wie ich einem zwölfjährigen Jungen einen Klumpen Asphaltbeton aus der Hand nahm, den er auf einen Alligator werfen wollte. Er schrie: »Sie können doch gar nicht beweisen, dass ich ihn wirklich werfen wollte!«

Was für finstere Gedanken müssen Menschen regieren, die solche Schlechtigkeiten im Sinn haben! Albert Schweitzer gibt zu dieser

Überlegung ein Erlebnis aus seiner Kindheit wieder. In seinem Buch *Die Ehrfurcht vor dem Leben* schreibt er:

»Als ich noch nicht in die Schule ging, hatten wir einen gelben Hund namens Phylax. Wie manche Hunde konnte er keine Uniformen leiden und ging immer auf den Briefträger los. Also wurde ich angestellt, zur Stunde des Briefträgers Phylax, der bissig war und sich schon an einem Gendarmen vergangen hatte, in Zaum zu halten. Mit einer Gerte trieb ich ihn in einen Winkel des Hofs und ließ ihn nicht heraus, bis der Briefträger wieder fort war. Welch stolzes Gefühl, als Tierbändiger vor dem bellenden und zähnefletschenden Hund zu stehen und ihn mit Schlägen zu meistern, wenn er aus dem Winkel ausbrechen wollte! Aber das stolze Gefühl hielt nicht an. Wenn wir nachher wieder als Freunde beieinandersaßen, klagte ich mich an, dass ich ihn geschlagen hatte. Ich wusste, dass ich ihn vom Briefträger auch abhalten könnte, wenn ich ihn beim Halsband fasste und streichelte. Wenn die fatale Stunde aber wieder kam, erlag ich wiederum dem Rausch, Tierbändiger zu sein.«[8]

Diese Neigungen stecken seit dem Sündenfall in irgendeiner Form in jedem von uns. Aufgrund dessen, was im Garten Eden geschah, sind unsere Beziehungen zerbrochen: die Beziehung zwischen Mensch und Gott, die Beziehung von Mensch zu Mensch, die Beziehung des Menschen zu sich selbst und auch zur Natur.

Seitdem muss uns befohlen werden, zu den Tieren freundlich zu sein, denn aus uns selbst heraus sind wir das nicht. In Sprüche 12,10 heißt es daher: *»Der Gerechte kümmert sich um das Leben seines Viehs …«* Jesus sagt uns, dass er dem Gedanken zustimmt, einem Tier in Not auch dann zu helfen, wenn dadurch das Sabbatgebot gebrochen wird (Lukas 13,15; 14,5). Er sieht den Spatz, der vom Dach fällt (Matthäus 10,29). Der Herr kennt jeden Vogel (Psalm 50,11). Wissen

8 Zitiert aus: *Die Ehrfurcht vor dem Leben*, München: C. H. Beck, 1966, 9. Auflage 2008, S. 69, URL: https://books.google.de/books?id=q7MCqUIN7hkC&pg=PA69&lpg=PA69&dq=albert+schweitzer+ehrfurcht+vor+dem+leben+phylax&source=bl&ots=IycONOEI2b&sig=iLK160OC6rSmvXJNcvjmjcOUjac&hl=de&sa=X&ved=0CDEQ6AEwA2oVChMI1JS8n8z9xwIVKvNyCh3PdAfd#v=onepage&q=albert%20schweitzer%20ehrfurcht%20vor%20dem%20leben%20phylax&f=false (abgerufen am 28. 9. 2015).

Sie, wie viele Vögel es gibt? Milliarden! Und doch sieht Gott jedes Tier als sein persönliches und wert geachtetes Eigentum an (Psalm 50,10).

Tierquälerei ist Sünde. Wie schön, dass der neue Himmel und die neue Erde davon frei sein werden. Und in Bezug auf das Tausendjährige Reich, das dieser Neuschöpfung vorausgeht, heißt es in Gottes Wort:

»Und der Wolf wird sich beim Lamm aufhalten, und der Leopard beim Böckchen lagern; und das Kalb und der junge Löwe und das Mastvieh werden zusammen sein, und ein kleiner Knabe wird sie treiben. Und Kuh und Bärin werden miteinander weiden, ihre Jungen zusammen lagern; und der Löwe wird Stroh fressen wie das Rind. Und der Säugling wird spielen am Loch der Otter, und das entwöhnte Kind seine Hand ausstrecken nach der Höhle der Viper« (Jesaja 11,6-8).

Ist das nicht großartig? Wollen Sie das verpassen? Nein? Dann sehen Sie zu, dass Sie dabei sind!

Spieglein, Spieglein an der Wand …

Niemand wusste, warum Iwan nicht fressen wollte. Seine Gefräßigkeit hatte ihn 20 Jahre lang tagtäglich durch die Falltür seiner Schlafhöhle getrieben. Nun stand er da, direkt vor der Tür, und starrte durch alles hindurch ins Weite. Dieser über 400 Kilogramm schwere Eisbär hatte bisher noch an keinem Tag sein Futter vergessen. Fressen war schließlich sein Leben! Ich warf ihm eine Makrele in sein Nachtquartier, genau eineinhalb Meter vor seine Nase. Er starrte über sie hinweg ins Leere.

»Komm, Iwan, komm! Ich will nach Hause«, drängelte ich.

Meine Überredungskunst half nichts. Aber ich durfte ihn doch nicht über Nacht draußen lassen! Darum lief ich zu Al Franklin, meinem Oberwärter. Al hatte schon länger mit Iwan gearbeitet als ich. Er kannte vielleicht einen Trick, um ihn hereinzubringen.

Al versuchte alles, was ich schon versucht hatte, aber auch er hatte keinen Erfolg.

»Hast du die Tür auf Iwan fallen lassen?«, fragte er.

»Nein, Al, noch nie«, antwortete ich. Wir hatten ein gutes Verhältnis zueinander, und es gab keinen Grund, warum er meine Worte anzweifeln sollte.

Al hatte keine Befugnis, Iwan die Nacht über im Auslauf zu lassen. Darum rief er Ed, den Chefwärter, der diese Kompetenz hatte. Eds erste Frage war: »Hat jemand die Tür auf Iwan fallen lassen?« Al versicherte: »Nein, weder Gary noch ich.« Ed beschloss, Iwan im Auslauf zu lassen. Am nächsten Morgen würde der Hunger ihn schon hereintreiben!

Der Morgen kam, und wir versuchten erneut, den Bären ins Haus zu locken. Wieder ohne Erfolg. Durch Iwans Starrsinn konnten wir seine Außenanlage nicht säubern. Das war ein echtes Problem. Der Architekt hatte den Riegel zum Wasserablauf für Iwans großes Schwimmbecken in das Gehege hineininstalliert. Und genau dort stand nun unser gefährlichster Bär! Wir konnten nichts machen, solange er nicht endlich in seinem Nachtquartier war.

Iwan produzierte immer den meisten Mist. Alles war ständig voller Kot. Es war Sommer, und nach zwei Tagen war sein Pool dementsprechend hellgrün von Algen. Am dritten Tag setzten sich die Algen am Rand des Pools ab, und es begann, fürchterlich zu stinken.

Am vierten Tag kam uns eine schlaue Idee. Wir ließen ein lebendiges Huhn vor Iwan herumspazieren, in der Hoffnung, dass es seinen Appetit anregen würde. Vergeblich.

Wir hätten ihn auch kurzerhand betäuben können, aber da bestand die Gefahr, dass er in den Pool taumeln und ertrinken könnte. Einige von uns hielten diese Möglichkeit trotzdem für die beste.

Nach einer Woche konnte man Iwans Auslauf schon riechen, sobald man in die Region der Wassertiere kam. Jeder Oberwärter schlug besorgt etwas vor, was wir meist bereits ausprobiert hatten, und jeder fragte noch einmal nach, ob ich wohl das Tor auf Iwan hatte fallen lassen. Vielleicht war das ja früher einmal jemandem passiert, sodass Iwan dadurch eine Zeit lang Angst gehabt hatte, das Tor zu passieren. Aber ich konnte mich wirklich an keinen derartigen Vorfall erinnern, der Iwans seltsames Verhalten hätte provozieren können.

Die erste Woche verging, die zweite kam, dann die dritte. Iwan hatte nun schon 21 Tage lang nichts gefressen. Wir sorgten täglich für frisches Wasser. Der Wasserstrahl aus einem Hochdruckschlauch wurde neben seinen mächtigen Kopf gerichtet. Das Wetter war unangenehm heiß, und Iwan freute sich über die Erfrischung. Wir hatten keine Ahnung, wie lange er seinen Hungerstreik fortsetzen würde und ob wir seinen Starrsinn je brechen könnten. Fette Eisbären können unberechenbar lange Zeiträume ohne Futter überleben, wenn sie nur ausreichend Wasser haben.

Am 22. Tag fand mich Al Franklin im Seelöwenrevier und fragte mich, ob ich ihm helfen könne. Er sprach von einer neuen Idee. Ich war seit Langem skeptisch gegenüber neuen Ideen; trotzdem war ich gespannt auf seinen Einfall.

Al sagte: »Komm mit zum Männer-WC in der Chefbaracke. Da zeige ich dir meine Idee.« Ich konnte mir nicht vorstellen, was es im Männer-WC Entscheidendes geben sollte, das Iwan in sein Nachtquartier locken könnte. Ich war gespannt wie ein Flitzebogen.

Al führte mich in die Herrentoiletten und wies stolz auf einen 1,20 mal 1,50 Meter großen Spiegel, der über den beiden Waschbecken hing. Irgendetwas konnte bei mir nicht stimmen, denn nichts, aber auch gar nichts regte sich in meinem Kopf. Wie sollte ein Spiegel einen über 400 Kilogramm schweren Eisbären einfangen können? Vielleicht fehlte mir ja der philosophische Zugang zu der Sache, etwa im Sinne von: »Die Antwort liegt in uns selbst«, oder in so etwas Ähnlichem. Iwan war kein eitler Bär, und ein Spiegel würde seinen Bedürfnissen ganz und gar nicht entgegenkommen. Er hatte nicht einmal einen eigenen Kamm!

»Okay, Al, das ist bestimmt eine feine Sache, aber ich weiß nicht, was du damit machen willst. Wie soll uns der Spiegel helfen?«

»Iwan hat zwei Eisbären getötet, oder nicht?«

»Richtig.«

»Darum stelle ich mir vor, dass er andere Eisbären hasst. Wenn wir diesen Spiegel draußen direkt hinter seine Barriere stellen, schaut er hinein und glaubt, einen anderen Bären zu sehen. Das macht ihn rasend, und er rennt hinein und will den Konkurrenten töten. Das ist meine Theorie.«

»Ausprobieren kann man's ja«, sagte ich. Wir schraubten die Klammern los, mit denen der Spiegel an der Wand befestigt war. Dann trugen wir ihn nach hinten in die Bärengrotte und lehnten ihn so an, dass Iwan sein Spiegelbild sehen musste, wenn wir die Falltür öffneten.

Al trat zur Seite. Jetzt würde Iwan nichts anderes erkennen als einen Bären im Dämmerschein seines Nachtlagers. Ich hob die Tür etwas hoch und blickte vorsichtig auf unseren eigensinnigen »Albtraum«. Sobald er den Bären im Spiegel erblickte, kam sofort Leben in unseren Freund Iwan. Er stöhnte leise auf und sah nur noch den Gegner. Sein mächtiger Körper ging zurück, dann vor – und schon sprang er angriffslustig auf den Bären im Spiegel. Ich ließ die Tür zufallen. Al hatte die Lösung gefunden! Über diese unorthodoxe Fangmethode haben wir später noch viel gelacht. Alle bewunderten Al wegen seines originellen Einfalls.

Im Gegensatz zum Tier erkennt der Mensch sein eigenes Spiegelbild. Er erkennt sich selbst. Wir sehen vielleicht einen »Feind« im Spiegel, wissen aber, wer dieser »Feind« ist: Wir selbst sind es. Es gab schon Zeiten, da tat mir der Blick in den Spiegel richtiggehend weh – so gedankenlos, wie ich damals mein Leben gestaltete. Es ist komisch, wenn man seinen eigenen Anblick meiden möchte und die Person, die man selbst geworden ist, nicht mehr leiden kann. In Jakobus 1,21-25 steht dazu treffend:

»Deshalb legt ab alle Unsauberkeit und alles Überfließen von Schlechtigkeit, und nehmt mit Sanftmut das eingepflanzte Wort auf, das eure Seelen zu erretten vermag. Seid aber Täter des Wortes und nicht allein Hörer, die sich selbst betrügen. Denn wenn jemand ein Hörer des Wortes ist und nicht ein Täter, der gleicht einem Mann, der sein natürliches Angesicht in einem Spiegel betrachtet. Denn er hat sich selbst betrachtet und ist weggegangen, und er hat sogleich vergessen, wie er beschaffen war. Wer aber in das vollkommene Gesetz, das der Freiheit, nahe hineinschaut und darin bleibt, indem er nicht ein vergesslicher Hörer, sondern ein Täter des Werkes ist, der wird glückselig sein in seinem Tun.«

Haben Sie einen Spiegel? Schauen Sie sich selbst tief in die Augen und sagen Sie:

»Erforsche mich, Gott, und erkenne mein Herz; prüfe mich und erkenne meine Gedanken! Und sieh, ob ein Weg der Mühsal bei mir ist, und leite mich auf ewigem Weg!« (Psalm 139,23-24).

Versuchen Sie, das zu tun, was Gott Ihnen sagt. Das gibt Ihnen Frieden und Freude.

Was soll man da noch sagen?

Können Sie sich 4 400 000 verschiedene Tierarten vorstellen? So viele Tiere rief Gott am fünften und sechsten Schöpfungstag ins Leben! Das sind 2 200 000 Arten pro Tag oder ungefähr 91 667 Arten pro Stunde, 1528 Arten pro Minute oder 25,5 neue Tierarten pro Sekunde. Nun kommt noch dazu, dass Gott von jeder Art – bis auf wenige Ausnahmen – Männchen und Weibchen schuf. Also tüftelte Gott pro Sekunde 51 verschiedene Anatomien aus und erdachte sich zu jeder ein eigenes Verhalten, ein einmaliges Aussehen und eine spezifische ökologische Zweckbestimmung. Zu jeder Art kommt das unterschiedliche Verhalten des jeweiligen Geschlechtspartners. Dazu einige Beispiele:

Bei der Schwarzen Witwe, einer Spinnenart, ist das Weibchen wesentlich größer als ihr Gatte. Dieser wiederum weist hellere Farbtöne auf. Die Dame ist eine gefährliche Jägerin. Jeden Zentimeter ihres Netzes ertastet sie mit ihren Beinen, denn sie ist blind. Wenn das Männchen um sie wirbt, zupft es in regelmäßigem Rhythmus an ihrem Netz. Das beruhigt die heißblütige, schwarze Verführerin. Sie erwartet ruhig seine Annäherungsversuche. Alle paar Schritte zupft der Gatte. Dadurch weiß sie, dass sich nicht etwa ein Insekt in ihrem Netz verfangen hat (auf das sie nämlich ganz anders reagieren würde). Der Gatte wiederholt sein regelmäßiges Zupfen, bis er eng bei ihr ist. Dann streichelt er sie zärtlich mit seinen zerbrechlichen Vorderbeinen, und die Begattung beginnt.

Nach der Vereinigung ist er erschöpft. In diesem geschwächten Zustand stolpert er im Allgemeinen beim Verlassen des Netzes. Diese heftige Vibration reizt die Mordgelüste der Spinnenfrau, und ehe er sich's versieht, hat sie ihn überwältigt. Ohne jede Erregung schafft sie ihre makabre Beute zu den Delikatessen in ihrer »Vorratskammer«.

Bei den männlichen Seelöwen sind während der Paarungszeit Wut und Leidenschaft deutlich zu erkennen. Sie kämpfen auf den Uferfelsen und teilen so die Gebiete für ihre Harems ein, die sie sich zulegen, wenn die Damen erscheinen. Ununterbrochen kämpfen sie brutal miteinander und nehmen sich nicht einmal Zeit zum Fressen. Wenn die Weibchen auftauchen, werden die jüngeren und schwächeren Seelöwen-Männchen fortgetrieben. Jetzt machen die starken Bullen ihre Ansprüche geltend, und jeder nimmt sich so viele Frauen, wie er bekommen kann. Die Weibchen sind bei ihrer Ankunft bereits 350 Tage lang trächtig. Nun beginnen sie erst einmal mit der Geburt. Wenig später veranstalten die Seelöwen-Männer eine kurze »Party«, bei der sie um die Weibchen werben. Dann folgt die Paarung. Darauf verlieren sie das Interesse an der Weiblichkeit und stellen den Frauen auch nicht mehr nach. Es geht ihnen nur noch um die Erhaltung ihres Territoriums. Leidenschaftlich verteidigen sie ihren Bereich, klatschen auf die Felsen und den Strand und zerquetschen dabei manchmal auch ihre Jungen oder die Weibchen, wenn sie einen aufdringlichen Rivalen angreifen.

Elefanten leben im Matriarchat. Bei ihnen haben die Frauen das Sagen. Die geschlechtsreifen männlichen Tiere werden von der Herde ausgestoßen. Sie bilden kleine Bullen-Gruppen oder bleiben allein. Nur während der Paarungszeit werden sie geduldet. Hinterher werden sie von ihren Partnerinnen wieder »in die Wüste geschickt«.

Der zu den Nashornvögeln gehörende Elstertoko, ein exotischer Vogel mit einem enorm großen Schnabel, sucht sich in einer Baumhöhle eine Behausung. Er treibt seine Braut hinein und versiegelt das Schlupfloch mit Lehm. Sie darf ihr Wochenbett nicht verlassen, bevor die Jungen flügge sind. Alles, was die Familie zum Leben braucht, befördert der Vogelmann durch eine kleine Öffnung, die er zu diesem Zweck noch gelassen hat.

Die Vermehrung der Klapperschlangen vollzieht sich in einem kurzen Paarungsakt. Entdeckt ein männliches Tier während der Paarungszeit eine weibliche Schönheit seiner Art, erhebt es sich und bedeckt sie mit seiner ganzen Körperlänge. Beide tanzen beschwingt wie in einem bezaubernden Ballett hin und her. Sie passt sich ihm an, und die beiden umwinden sich innig. Nach der Vereinigung kriecht er davon – dieser verführerische Schlangerich! – und verschwindet auf Nimmerwiedersehen! Sie hingegen trägt die Frucht aus und bringt Junge zur Welt, die vom ersten Lebenstag an sich selbst überlassen sind.

Pinguine bleiben sich ein Leben lang treu, obwohl sie jedes Jahr sechs Monate getrennt voneinander leben. Die Adelie-Pinguine haben ein besonderes Zeremoniell: Die Männchen schenken ihrer Geliebten einen Stein. Nimmt sie ihn an, ist der Bund fürs Leben geschlossen, etwa nach der Maxime: »Mit diesem Stein gebe ich dir mein Jawort.«

Auch Wölfe leben in Einehe. Das Jahr über leben sie in Kleinfamilien. Nur in strengen Wintern bilden sie Rudel. Das ist vorteilhafter. Die Mäuse halten ja Winterschlaf und stehen somit nicht mehr auf dem Speiseplan. Darum müssen die Wölfe zum Überleben Huftiere reißen. Die Rüden lieben ihre Wölfinnen heiß. Die eine Hälfte der aufopferungsreichen Aufzucht der Jungen übernimmt übrigens der Wolfsvater. Ein ideales Familienmodell!

Beim Menschen können wir im Verhalten von Mann und Frau kein einheitliches Schema feststellen. In etlichen Beziehungen wird der Mann von der weiblichen Übermacht überwältigt. Ihm ergeht es dann nicht viel besser als der männlichen Schwarzen Witwe …

Viele Männer lassen sich von ihrer Karriere verzehren und kämpfen die ganze Zeit gleichsam nur um ihr Territorium. Sie verdrängen – wie die Seelöwen – die Verantwortung für ihre Kinder und pflegen außereheliche Beziehungen …

Manche Frauen treiben ihre Männer mit unausstehlichem Gezänk aus dem Haus und machen es ihnen als Väter schwer, ihre Kinder zu sehen – genau wie bei den Elefanten …

Es gibt auch Männer, die ihre Frauen krampfhaft zu Hause halten wollen. Sie machen sie vollkommen abhängig, wie dies beim Elstertoko-Männchen gegenüber dem Weibchen der Fall ist …

Schließlich gibt es aber auch echte Partnerschaften: Frau und Mann helfen sich gegenseitig und ziehen in mutigem Einsatz ihre

Kinder gemeinsam groß – wie die Wölfe. Manche Paare bleiben ein Leben lang zusammen, wie Pinguine es tun.

Es gibt nur zwei Möglichkeiten: Entweder ist der Mensch die einzige Spezies (neben den 4 400 000 Tierarten) ohne festgelegte Partnerrollen zwischen Männlein und Weiblein, oder es gibt tatsächlich Verhaltensregeln. Doch richten wir uns auch danach? Was denken Sie darüber?

In Epheser 5,21-33 steht, was Gott sich gedacht hatte. Dem Sinn nach heißt es da:

- Männer und Frauen sollen sich gegenseitig achten (Vers 21).
- Ihr Frauen, lasst eure Männer spüren, dass sie wichtig sind. Respektiert sie. Behandelt sie als etwas Besonderes, etwas Wertvolles (Vers 22-24).
- Ihr Männer, liebt eure Frauen und seid zu Opfern bereit. Sorgt so für sie, dass sie im Unterschied zu allen anderen Frauen für euch ein einmaliges und besonderes Geschenk des Herrn sind. Macht ihnen Mut, sich zu entfalten. Ernährt sie und seid zärtlich zu ihnen. Dann werdet ihr völlig eins sein (Vers 25-33).

Eine solche Ehegemeinschaft finden wir leider nur selten. Vielleicht sind wir zu sehr darauf bedacht, dass unsere eigenen Bedürfnisse zuerst befriedigt werden.

»Dies aber wisse, dass in den letzten Tagen schwere Zeiten eintreten werden; denn die Menschen werden selbstsüchtig sein …« (2. Timotheus 3,1-2).

Gut gelacht

Ich lache gern. Lachen ist eine großartige Erfindung Gottes. Die folgenden Geschichten habe ich zu Ihrem Vergnügen aufgeschrieben. Ich hoffe, Sie können darüber lachen – besonders, wenn Sie schon länger nichts mehr zu lachen hatten.

Jambie

Etwa ein Jahr, bevor ich meine Arbeit im Zoo begann, starb ein Original. Sein Name war Jambie. Er war ein großer, ausgewachsener Orang-Utan. Ich bin dem Kameraden zwar nie selbst begegnet, aber viele köstliche Episoden werden bis heute immer wieder über ihn erzählt.

Jambie war ein unverbesserlicher Spaßmacher. Seine Spezialität waren Streiche mit Wasser. Im Laufe der Jahre lernte Jambie, wie man Handel treibt. Er warf Futter, das er nicht mochte, aus dem Käfig und hoffte, jemand würde ihm etwas anderes, was ihm besser schmeckte, dafür geben. Meistens hob ein Besucher den Abfall auf und warf ihn Jambie zurück. Jambie war ein bisschen frustriert, dass offensichtlich kein Geschäft zu machen war. So reifte in ihm der Plan, die dummen Zoobesucher, die ihn nicht verstanden hatten, zu brüskieren.

Ich sollte vorab noch erwähnen, dass in Jambies Mundhöhle eine enorme Menge Wasser Platz hatte. Er lernte zunächst, sein Tauschobjekt ganz dicht vor seinen Käfigdraht fallen zu lassen. Damit lockte er die unbrauchbaren »Handelspartner« dicht an sich heran. Wenn sich jemand über die Absperrschiene beugte, um den Keks aufzuheben, kletterte Jambie schnell hoch und spuckte ihm das ganze Wasser auf den Rücken.

Auch aus anderen Gründen lernte Jambie die Kunst, den Köder richtig auszulegen. Er zerbröselte seine Affenkekse und streute sie direkt vor den Käfig – aber noch in Reichweite seiner monströsen Hand. Vom Palmenstamm bis zu seinen Fingerspitzen waren es 40 Zentimeter. Er legte seine Hand neben die Krümel und wartete geduldig auf die Pfauenmutter mit ihren Küken. Machten sie sich an seinen Köder, genügte ein schneller Handgriff, und er hatte ein neues, anregendes Spielzeug. Er nahm die Küken in seinen Käfig und spielte stundenlang mit ihnen.

Ich sehe ihn – ich sehe ihn nicht – ich sehe ihn!

Im Register stand klar und deutlich: »Geburt von sechs Welpen bei Herrn und Frau Präriewolf«. Jeder fand sie herzig. Charlie, ihr Wärter, fand sie wahnsinnig faszinierend. Sobald ihre Mutter sich für kurze Zeit ein wenig Ruhe von ihren Kindern verschaffte, kam Charlie dazu und spielte mit ihnen. Sie erwiderten seine Zuwendung schnell.

Ein kleiner weiblicher Welpe war besonders niedlich. Er war freundlich, verschmust und blieb länger als alle anderen bei Charlie. Charlie war ihm sehr zugetan. Bald lockte er die übrigen Welpen mit der Mutter fort und konnte mit seinem kleinen Liebling allein spielen. Es dauerte nicht lange, da kam er zu der Überzeugung, dass dieses kleine Wolfsjunge viel zu schade war, um in einem Zoo aufzuwachsen. So beschloss er, ihm ein besseres Heim zu bieten, und steckte es in seine Tasche, in der sich sonst immer sein Pausenbrot befand.

Kurz darauf zählte der Oberwärter nur noch fünf statt sechs Welpen. Er fragte Charlie, ob er wisse, wo der verschwundene Welpe sei. Charlie sagte zu Al: »Sechs Welpen haben wir doch nie gehabt. Du musst dich verzählt haben.« Al war nicht dumm, aber aus verschiedenen Gründen nahm er Charlie die Geschichte ab. Erstens waren die Präriewölfe nicht besonders wertvoll, und zweitens war ihre Zukunft im Zoo recht ungewiss. Wenn Charlie ein Junges gemopst hatte, war es immerhin gut versorgt und heiß geliebt …

Charlie wohnte mit seiner Frau Cindy in einem Mietshaus. Sie schloss das kleine Tier sofort in ihr Herz und wollte es unbedingt behalten. Mit ihrer Vermieterin hatten Charly und Cindy ein gutes Verhältnis. Zum Glück gab diese ihnen die Erlaubnis, das Tierchen in der Wohnung zu halten. »Das ist nur eine Promenadenmischung«, hatten sie ihrer Wirtin gesagt. Aber je größer das Tier wurde, desto skeptischer wurde ihre Hausbesitzerin. Von Zeit zu Zeit fragte sie: »Das ist doch wohl kein Wolf, oder?«

»Nein, nein, es ist ein Terrier-Schäferhund-Mischling«, beschwichtigten Charlie und Cindy die Vermieterin.

Doch sie wurde immer misstrauischer. Charlie und Cindy konnten ihrem Gesicht die zunehmende Besorgnis ansehen. Sie selbst wurden unruhig und wussten, dass sie den Welpen bald zurückgeben mussten – oder sie würden riskieren, wegen Diebstahls ertappt zu werden. Freunde, die sich sehnlichst einen Wolf wünschten, hatten sie ja nun leider auch keine. Darum beschloss Charlie, die kleine Wölfin in den Zoo zurückzubringen. Er fuhr mit dem Auto direkt an das Gehege der Wölfe und setzte das Wolfsjunge in den Auslauf. Es war noch früh am Morgen, und niemand bemerkte die glückliche Wiedervereinigung. Obwohl das Junge fast sechs Monate verschwunden war, wurde es doch von seiner Familie freundlich aufgenommen und gewöhnte sich sehr schnell wieder an das Leben im Zoo.

Bis zu Charlies freiem Tag bemerkte niemand etwas. Dann kam sein Aushilfswärter zu Al, dem Oberwärter, und meinte: »Du musst mal kommen, Al. Ich kann es einfach nicht glauben!«

Al folgte dem Aushilfswärter zum Wolfsgehege und ging in den Käfig. Sofort kam eine kleine, zahme Präriewölfin auf ihn zu, leckte ihm die Hand und bettelte um seine Zuwendung.

»So etwas habe ich nun wirklich noch nie erlebt«, sagte der verblüffte Wärter.

»Ich auch nicht«, antwortete Al und strich sich gedankenverloren übers Kinn.

Soviel mir bekannt ist, sprach Al mit Charlie nie über diese Sache. Allerdings riet er Charlie, einen Grundkurs im Rechnen zu belegen, damit er seine Tierzahl genau erfassen könne. Die übrigen Wärter aber spekulierten noch monatelang darüber, wie ein Präriewolf über Nacht zahm werden konnte.

Vorsicht! Kobra spuckt!

Vor Schlangen fürchtete ich mich zwar nicht, aber die Kollegen, die im Reptilienhaus arbeiteten, konnten einem schon Angst einjagen. Wir Tierpfleger waren jederzeit für einen guten Streich zu haben. Die Reptilienwärter allerdings gingen mit ihren Scherzen an die Grenze dessen, was gerade noch zulässig ist.

Ich will hier keinesfalls all ihre Geheimnisse verraten. Sollte einer meiner Leser jedoch durch eine Verkettung von verschiedenen Umständen einmal dazu verdonnert sein, ihrem Lieblingstrick ausgesetzt zu werden, muss ich ihn aus Gewissensgründen doch unbedingt darauf vorbereiten!

Zunächst sei gesagt, dass die Burschen, die mit Reptilien arbeiten, sehr intelligent sind. Allerdings sind sie ein Völkchen für sich. Sie verstehen etwas von ihrem Job und müssen immer äußerst konzentriert arbeiten, damit sie keine Fehler machen. In ihrem Arbeitsbereich kann der erste Fehler auch schon der letzte sein. Viele Schlangen sind so giftig, dass ein einziger Biss tödlich endet. Im Gegensatz zu den übrigen Tierpflegern verbringen die Reptilienwärter den ganzen Tag drinnen im Haus. Die Sonne bekommen sie kaum zu sehen. Und in den schier endlosen Gängen kann man sich leicht verlaufen. Es gibt im Inneren viele Terrarien auf Regalen, die die meisten Besucher nie zu Gesicht bekommen. Darin leben verschiedene giftige und ungiftige Schlangen. Man kann daher nie genau wissen, ob nicht gerade eine Schlange entwischt ist. Die Farbabstimmung im Reptilienhaus – wenn es überhaupt eine Farbabstimmung gibt! – ist völlig reizlos, die Atmosphäre wissenschaftlich steril, wie in einem Institut.

Alle Reptilienwärter haben Sinn für Humor. Deshalb waren früher neue Wärter ihren Scherzen besonders ausgesetzt. Einen Neuen herumzuführen, das war *die* Chance, die von den Routiniers nur allzu gerne genutzt wurde! Sie begannen ihre Führung jeweils an einem Ende des Gebäudes, das knapp 50 Meter lang ist, und beeindruckten den Neuling mit tausend Namen und vielen Statistiken. Man musste ihr Fachwissen über Reptilien einfach bewundern! Die Welt der Klapperschlangen, Frösche und Kröten tat sich so vor dem staunenden Neuling auf. Er durfte viele ungiftige Schlangen anfassen, und Sie können es sich denken: Über kurz oder lang vertraute der Neue ihnen – den Wärtern, nicht den Schlangen! – voll und ganz. Nun gut, vielleicht auch beiden. Das Dumme war nur, dass die alten Profis das Greenhorn nach einem Dreiviertel des Rundgangs genau da hatten, wo sie es unbedingt haben wollten. Der Neue würde ab sofort alles tun, was man ihm sagte, weil er wusste: »Das, was die hier machen, ist schwer in Ordnung!« Er hatte rundum Vertrauen gefasst.

Kurz darauf standen sie dann jeweils vor einem bestimmten Käfig. Über dem Käfig hing eine Schutzbrille, wie man sie an Kreissägen braucht, und direkt daneben befand sich ein Schild mit der Aufschrift: »Vorsicht! Kobra spuckt!« Geschickt wurde der Neuling in die Wunderwelt der Kobras eingeführt sowie mit ihrem Verhalten und ihrem Mythos bekannt gemacht. Viele Fragen stellten sich: »Wie wirkt das Kobragift auf Haut und Augen?« Von Erblindung war die Rede, von unglaublichen Schmerzen und Qualen. Dessen ungeachtet wurde der Neue daraufhin locker aufgefordert, sich das Terrarium der spuckenden Kobra näher anzuschauen. Das bedeutete, dichter heranzutreten, sich etwas vorzubeugen und von oben in die Behausung der speienden Giftschlange zu blicken. Jedes Zögern wurde salopp mit einem »Nur keine Angst! Gar kein Problem!« abgetan. Das Vertrauen wuchs dadurch natürlich noch mehr. Während der Neue – über das Schutzgitter gebeugt – nach der Schlange unten auf dem Boden Ausschau hielt, drückten die Kerle auf einen Gummiball mit warmem Wasser. Sie schrien: »Weggucken! Gift!«, und spritzten ihm in diesem Moment durch ein System von Schläuchen und Düsen einen Strahl Wasser in die Augen.

In einem solch schmachvollen Augenblick haben erwachsene Männer schon Dinge gesagt und getan, die ehrbaren Bürgern normalerweise vorenthalten bleiben!

Das Gelächter, das in solchen Situationen in allen Hallen und Gängen erscholl, war absolut unmenschlich. Ich glaube, dass das Verhalten derjenigen, die sich voller Schadenfreude am Schock der Neulinge ergötzten, in jeder Beziehung unangemessen war. So etwas sollte unterbleiben.

Kein Platz für Pechvögel

Für Pechvögel ist der Zoo ein beängstigender Ort. Bill Whitecross war so ein Pechvogel. Ich kann mich nicht erinnern, dass ich Bill in den sieben Jahren, in denen ich im Zoo von Los Angeles arbeitete, einmal ohne Verband, Gips, Krückstock oder andere Hilfsmittel gesehen hätte. Er war der dauernde Verlierer im Getümmel. Die zahmsten und anhänglichsten Haustiere bissen bei Bill Whitecross zu. Es ging damals ein Gerücht um – und es bestand noch lange danach –, dass selbst Mehlwürmer Bill Whitecross angriffen. Das habe ich zwar nie gesehen, aber es gab trotzdem genug Anhaltspunkte für mich, Bills Nähe im Gewitter tunlichst zu meiden …

Eines Nachmittags stand ich mit einigen Kollegen – aus welchem Grund auch immer – im Nashornstall. Sonny und Cher, unsere Breitmaulnashörner, drückten gegen den Zaun und erhofften sich davon, dass einer von uns sie hinter den Ohren oder zwischen den Augen kraulen würde. Sie waren sehr zahm. Wir hätten auf ihnen reiten können, wenn wir mit ihrem Ziel einverstanden gewesen wären. (Nashörner gehen nämlich bevorzugt dorthin, wo es ihnen beliebt – und wer kann sie dann noch bremsen?)

Bill ließ sich erweichen und stieg über das Gatter zu den liebesbedürftigen Riesen. Wieder eine Chance für einen unerwarteten Blitzschlag! Sonny geriet sofort in Verzückung, als Bill ihn kräftig hinterm Ohr kratzte, und tat blindlings einen Schritt nach vorn, um noch näher an das menschliche Wesen heranzukommen, das ihm diese Zärtlichkeit erwies. Unglücklicherweise trat Sonny auf Bills Fuß und blieb darauf stehen. Ein Breitmaulnashorn wiegt immerhin über 2000 Kilogramm. Bill hatte also dasselbe Glücksgefühl, wie wenn Ihnen ein Mercedes auf dem Fuß steht. Er bemühte sich, bei allen »Ooohs« und »Aaahs« das Gesicht nicht übermäßig zu verziehen, aber das gelang ihm nicht ganz. Wir versuchten, Sonny freundlich zur Seite zu schieben. Doch Sonny wollte durchaus nicht zur Seite. Das Nashorn stand gerade so schön auf Bills Fuß und wartete geduldig auf weitere Streicheleinheiten. Doch Bill war eher mit seinem Fuß beschäftigt …

Endlich trat das Nashorn dankenswerterweise einen Schritt vor. Bill seufzte erleichtert auf. Er zog den Schuh aus. Wir alle waren uns einig: Schwimmflossen brauchte Bill für diesen Fuß nicht mehr!

Bill war im Reptilienhaus lange Zeit als Oberwärter tätig. Oberwärter haben viel weniger Arbeit als gewöhnliche Wärter. Auch das wurde Bill zum Verhängnis. Die Suche nach einem amüsanten Zeitvertreib kostete ihm nämlich beinahe das Leben.

Ganz hinten am westliche Ende des Reptilienhauses verkroch sich Jeanie, die zu den Felsenpythons gehörte. Jeanie war eines unserer zahmen Tiere. Bill beschloss, Jeanie eine tote Ratte mit der Hand zu füttern. Der Versuch war anderen Wärtern schon verschiedentlich geglückt. Bill probierte es nun zum ersten Mal. Er wartete, bis eine Gruppe Zoobesucher vor dem großen Gehäuse versammelt war. Dann ließ er den Leckerbissen vor Jeanies reglosen Augen baumeln. Nur ein ganz kurzer Blick auf die Schlange hätte genügt, und Bill hätte sogleich erkannt, dass sie ja gar nicht richtig sehen konnte, weil sie sich gerade häutete. Es war ihr unmöglich, die Ratte zu fixieren. Nebenbei gesagt: Jeanie war 4,30 Meter lang, und ihr Umfang betrug 50 Zentimeter. Sie war also ganz und gar nicht der Typ, der eine Vorspeise verschmäht hätte. Blitzschnell stieß sie vor. Leider verpasste sie die Ratte um 15 Zentimeter. Stattdessen schnappte sie – Sie haben es natürlich längst erraten! – nach Bills Hand. Ihr Geruchssinn war erregt, die Ratte duftete appetitanregend, und aus ihrer Sicht hatte Jeanie ein Riesentier erwischt. Sie zog Bill in den Käfig und schlang sich blitzartig zweimal fest um den überraschten Oberwärter herum. Dessen Bemühungen, sich selbst zu befreien, waren völlig nutzlos. Die erschrockenen Zoobesucher erlebten ein Drama auf Leben und Tod! Bill war zu sehr überrumpelt und konnte gar nicht um Hilfe rufen. Er kämpfte verzweifelt weiter mit der unnachgiebigen Schlange. Ein Zoobesucher rannte um das Gebäude herum und schlug an alle Türen, bis ein ärgerlicher Wärter am anderen Ende der Halle hervorkam und den Besucher zur Rede stellen wollte. Schließlich konnte der hysterische Besucher den Notfall schildern. Drei Männer eilten ihrem Chef unverzüglich zu Hilfe. Aus den Windungen der Schlange wurde er gleich darauf zwar befreit, aber dieser Geschichte und ihrer ständigen Wiederholung konnte Bill nie mehr entfliehen.

Kakadu, Kakadu!

Im Australien-Bereich unseres Zoos würden Sie ganz bestimmt eine Weile vor den Kakadus verweilen. Es sind herrliche Vögel, sehr unterhaltsam, und einige können sogar sprechen. Bevor sie in den Zoo kamen, waren sie meist Haustiere gewesen. Jeder zweite Besitzer hatte seinen Vogel »Cookie« genannt. Woher wir das wissen? Nun, das lässt sich leicht erklären, denn die meisten Vögel, die aus Privathand kamen, riefen: »Hello, Cookie!«

Mark Gentry hatte die Fähigkeit, Kakadu-Stimmen nachzuahmen. Man konnte nicht unterscheiden, welche Stimme nun Mark und welche dem Vogel gehörte. Mark war Wärter. Oft hörte er, wie Besucher mit den sprechenden Kakadus eine Unterhaltung beginnen wollten. Eines Nachmittags hatte er eine glänzende Idee. Er versteckte sich hinter einem Gebüsch neben dem Vogelhaus und wartete auf die nächsten begeisterten Besucher.

»Hello, Cookie!«, begann ein Vogel.

»Hello, Cookie!«, antwortete eine Besucherin.

»Wie heißt du?«, fügte Mark ein. Man konnte jedoch unmöglich merken, dass es Mark war, denn es klang genau so wie ein Kakadu.

»Ich heiße Barbara«, antwortete eine ziemlich hübsche Besucherin. Dann sagte sie: »Und wie heißt du?«

»Cookie, du doofe Ziege. Du hast doch gerade ›Hello Cookie‹ gesagt«, antwortete Mark. Barbara dachte immer noch, sie spreche mit dem Vogel. So ging das eine Weile hin und her, bis die Vogelstimme sagte: »So, Barbara, und welche Telefonnummer hast du bitte?«

Eines Tages brachte eine laute, kritische, übergewichtige und unattraktive Dame ihren kleinen, mageren Mann in den Zoo. An jenem Tag hätten wir Ihnen unter vier Augen vertrauensvoll verraten können, wo sich eine der beiden Stiefschwestern von Aschenputtel versteckt hielt! Vielleicht hilft Ihnen das, sich ein genaueres Bild von dieser Frau zu machen. Ihr Gesicht wurde von Unmutsfalten verschönt, und sie lauerte wortwörtlich auf etwas Gutes, was sie in den Dreck ziehen und auf dem sie herumtrampeln konnte. Ihr kleiner Mann stand neben ihr und wiederholte nur ständig »Ja, Liebling«, während sie den Zoo, die Tiere, ihr Futter und auch den Gatten neben ihr herunterputzte.

Mark saß im Gebüsch, und einer der Kakadus rief: »Hello, Cookie!«

Die Dame starrte eine Sekunde lang den Vogel an und konterte: »Hallo, du bist doch selbst so'n Cookie!«

Mit einem Augenzwinkern antwortete Mark: »He, du Mops!«

Die kritische Lady vernichtete den nächstbesten Kakadu mit einem Blick, der selbst Medusa hätte erstarren lassen.[9] Dann knallte sie ihrem Mann die Handtasche gegen die Schulter und stieß empört hervor: »Henry, wir gehen!« Sie stürmte auf und davon – in der festen Überzeugung, dass ein Vogel sie zutiefst beleidigt hatte.

Das Leben ist wirklich wie ein Zoo!

9 A. d. H.: Der Anblick der Medusa, die von Athene in ein Ungeheuer verwandelt worden war, ließ laut griechischer Mythologie jeden Mann zu Stein erstarren.

Über den Autor

Gary Richmond, Jahrgang 1944, ist Autor von 22 Büchern. Sieben Jahre lang arbeitete er im Zoo von Los Angeles als Tierarztassistent und Tierpfleger mit einem großen Verantwortungsbereich.

Mehr als 30 Jahre lang ist Gary Richmond außerdem Freizeitleiter des Forest Home Christian Conference Center in Forest Falls, Kalifornien, gewesen. Dort hat er für insgesamt etwa 60 000 Freizeitteilnehmer Führungen auf Naturlehrpfaden organisiert und dabei über die Wunder der Schöpfung Gottes gesprochen. Überall in den USA hat er seine faszinierenden Zoogeschichten erzählt. Dazu kamen Reisen nach Kanada und Hawaii. Gary und Carol Richmond leben in Corona, Kalifornien, und haben drei erwachsene Kinder: Marci, Wendi und Gary jun. Inzwischen haben sie sechs Enkel: Harley, Kendall, Colby, Katie, Aiden und Zachary.

Derzeit leitet Gary Richmond die Arbeit von Gary Richmond Ministries in Corona, Kalifornien, und ist dabei zuständig für die Arbeit unter Alleinerziehenden und ihren Kindern.